U0065741

手沖咖啡大全②

完美萃取

醜小鴨咖啡師訓練中心／編著

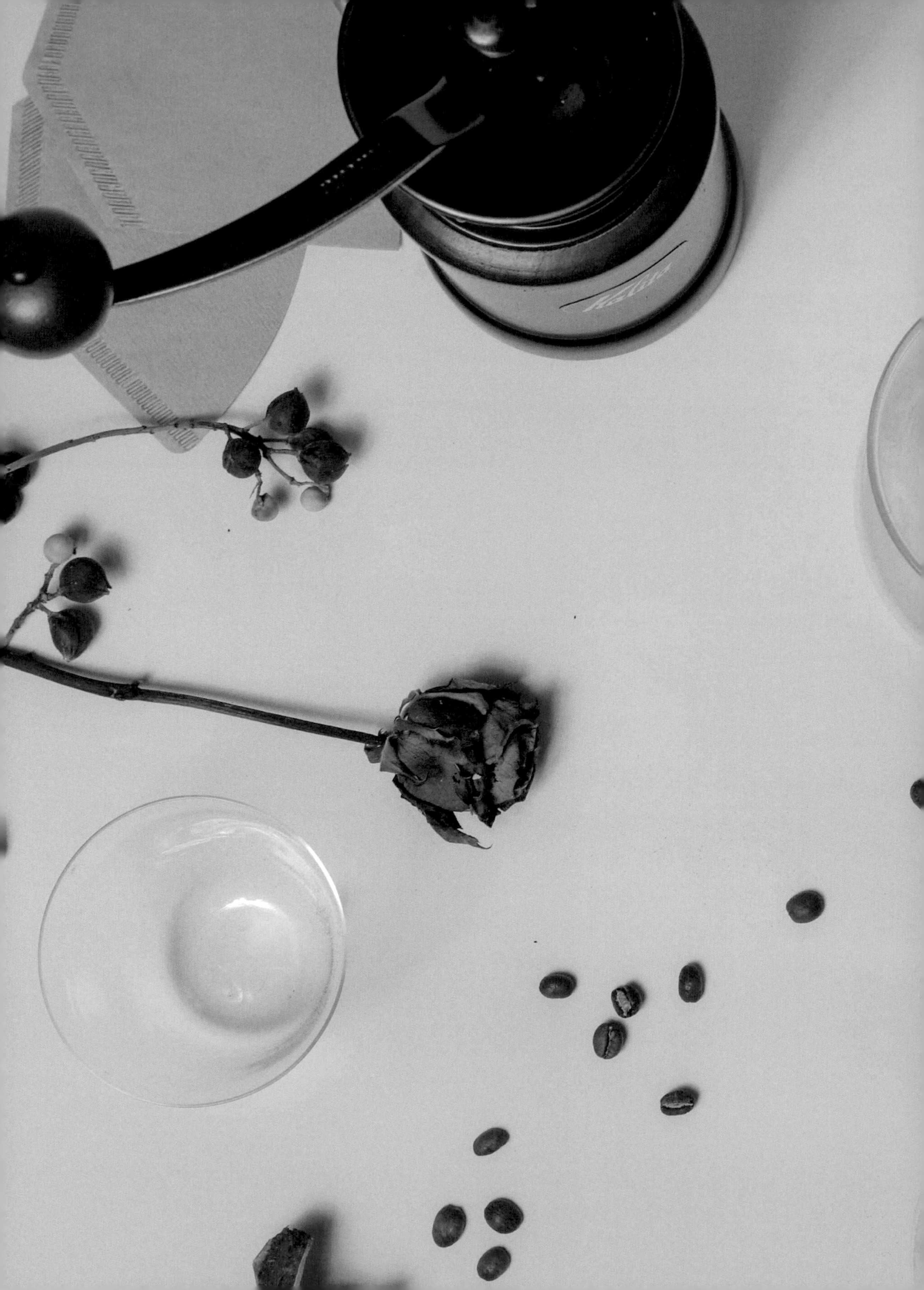

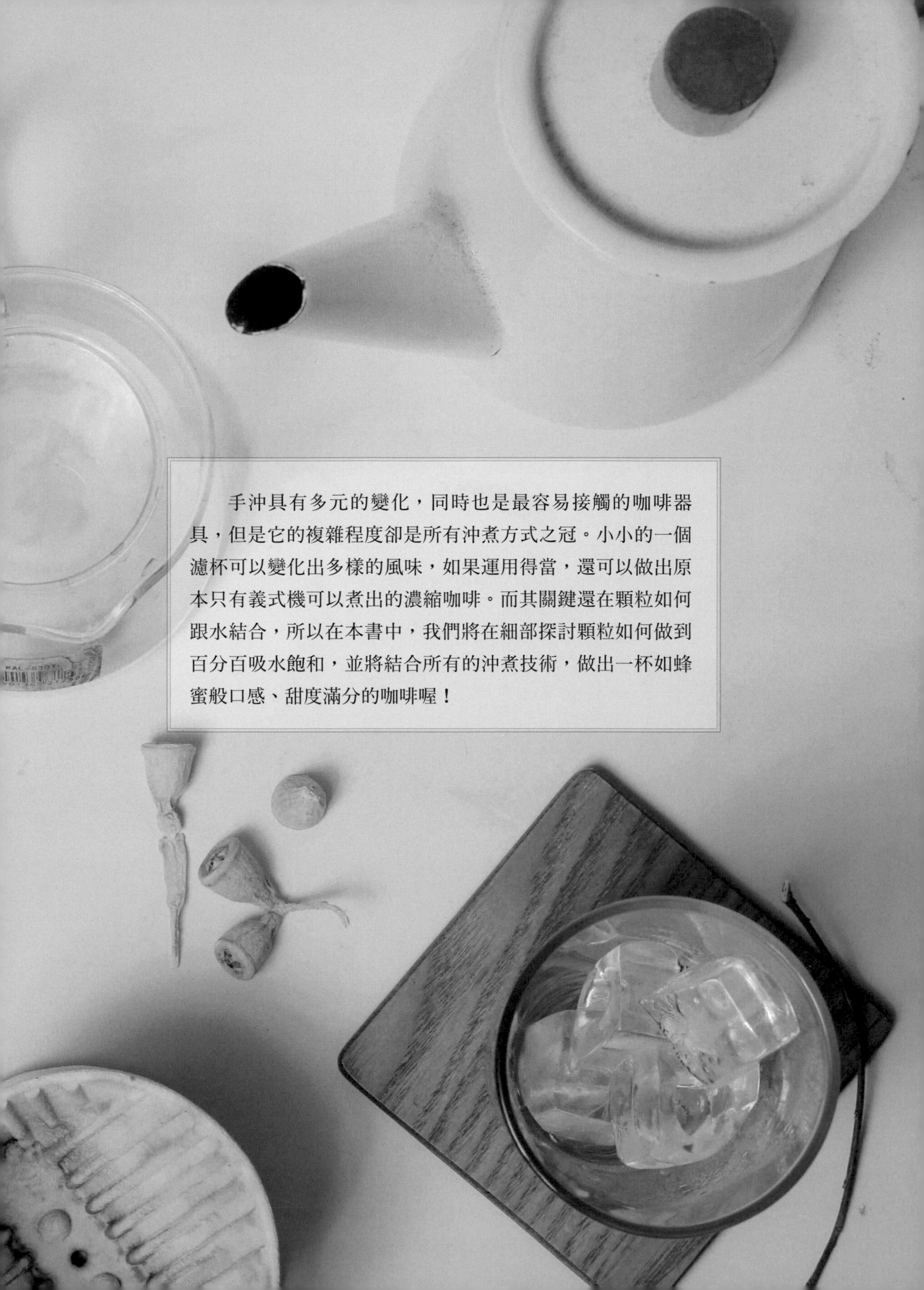

手沖具有多元的變化，同時也是最容易接觸的咖啡器具，但是它的複雜程度卻是所有沖煮方式之冠。小小的一個濾杯可以變化出多樣的風味，如果運用得當，還可以做出原本只有義式機可以煮出的濃縮咖啡。而其關鍵還在顆粒如何跟水結合，所以在本書中，我們將在細部探討顆粒如何做到百分百吸水飽和，並將結合所有的沖煮技術，做出一杯如蜂蜜般口感、甜度滿分的咖啡喔！

Contents

Part 1 手沖咖啡的濾杯:扇形與圓錐

Part 2 選擇性的應用萃取,烘焙曲線的對應與調整

Part 3 咖啡小百科

Part 1 手沖咖啡的濾杯：扇形與圓錐

- 圓錐形濾杯

Hario V60｜河野 KONO

- 扇形濾杯

三洋濾杯｜ Melitta1 × 1

手沖咖啡給人的第一印象，大概就是運用各種不同的濾杯來沖煮咖啡吧！濾杯以外型來分辨，大致可分為圓錐形與扇形兩種，而以功能來區分的話，則可歸納為沖刷、浸泡與虹吸等三種；其中唯一具有虹吸功能的濾杯是河野式（KONO 名門虹吸式濾杯）。

扇形與圓錐形濾杯的最大差別，在於粉量的集中程度，圓錐形在相同的情況下，可以增加粉量吸水的飽和度，因此圓錐濾杯所沖煮出來的風味，也會比扇形濾杯明顯且濃烈。

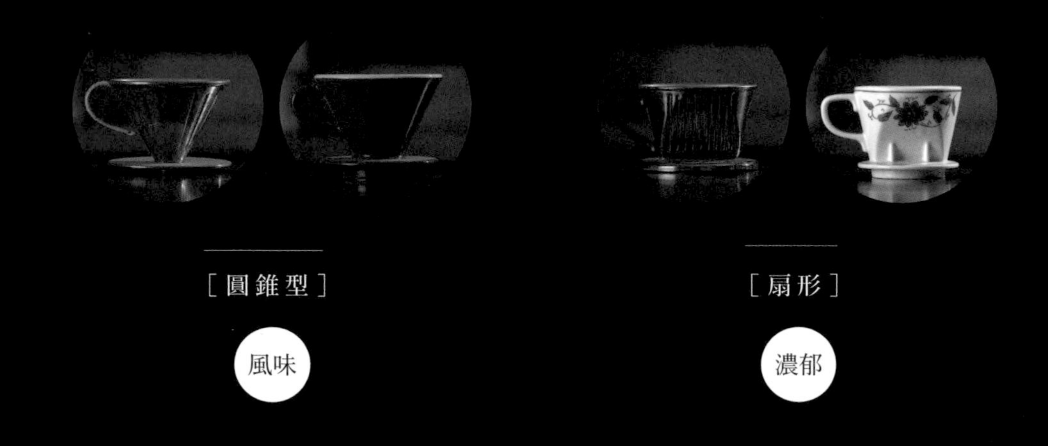

Hario V60濾杯

Hario V60 與河野 KONO

圓錐濾杯中較為獨特的就是 Hario V60。

V60 的設計是單純的沖刷，以螺旋狀的肋骨來產生扭擠的功能，增加可溶性物質的釋出量。Hario V60 將肋骨採用弧形的設計是為了拉肋骨的距離，藉以增加水停留在顆粒的時間。

沖煮的條件
顆粒粗細 小富士 #3（深烘焙）
小富士 #5（淺烘焙）

Hario V60設計概念與沖煮示範

設計概念

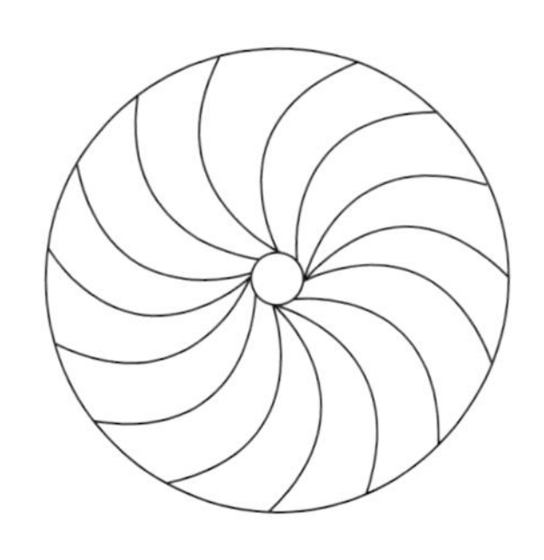

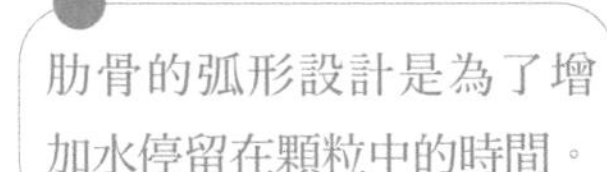

肋骨的弧形設計是為了增加水停留在顆粒中的時間。

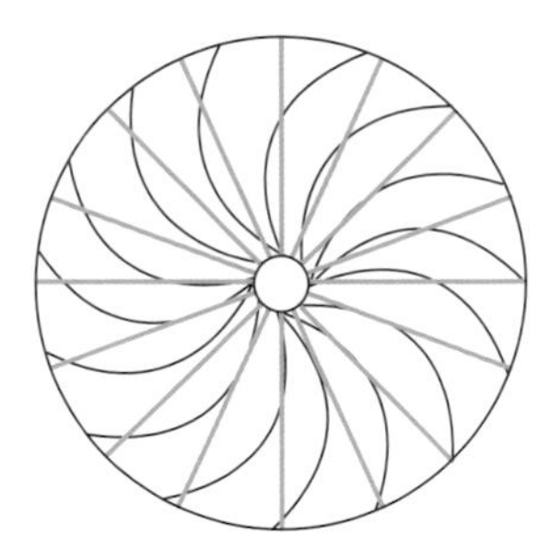

1. 藍色的部分是表示直線的肋骨，與黑色相較之下，水的路徑短了許多。而將肋骨做出適當彎曲，除了可以增加水的路徑外，弧形肋骨還會在水位下降期間，將水流往中心集中，藉以產生擠壓的功能。

2. 水位在下降時，水流會順著螺旋狀肋骨，將水流做集中的動作，而這個動作就如同擰毛巾時的狀態一樣，會將水中的咖啡顆粒做一次性的擠壓。而且為了將「擠壓」這個功能極大化，在給水的控制上，水位都不可以超過粉層的高度。

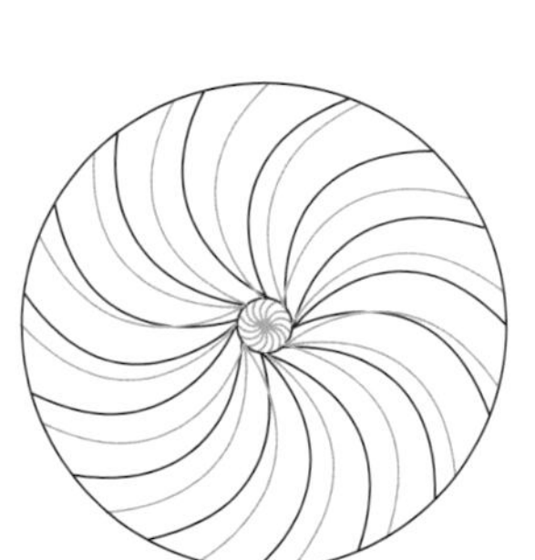

3. 當水位過高時，過多的水量會導致水往濾杯的方向流，這樣除了會大幅降低咖啡顆粒的飽和度之外，口感上也容易因此而變得偏薄和具有水感。

TIPS

☞ 判斷水位是否過高

除了可以從表面觀察，萃取水柱也是一個觀察重點，水柱如果集中垂直，表示給水量適中。

如果萃取水柱有偏斜的狀況，那就是水量過大，過多的水量會壓迫著水流往阻力小的地方流，導致咖啡顆粒萃取程度大大下降。

沖煮示範

(1)
給水在一開始時，就應該縮小範圍，可用一元硬幣的範圍重複給水。

(2)
同時，要注意這時的水位都不應該有任何的上升。

(3)
給水以一圈為原則不需太多，如果水位有升高，就要馬上停止給水。

(4)
以大約一元硬幣的範圍給水，一直到底部有小水柱產生時，就代表咖啡顆粒之間的過濾層都已經產生，所以接下來的給水，只要從中間注入即可。
同樣的，水位要控制在粉層高度，避免過多的水量往濾紙方向流去（細節的部分請參考《手沖咖啡大全》）。

(5)
持續繞圈（繞圈速度要緩慢，落水要紮實），當水位接近分層高度時就停止給水。

(6)
慢慢的我們會發現當繞圈結束後，表面泡泡的面積會越來越大，當泡泡占滿大部分面積時，就表示咖啡顆粒已經接近飽和，這時可以用沖水的方式，開始讓咖啡顆粒翻動，讓 Hario V60 產生扭擠的功能。

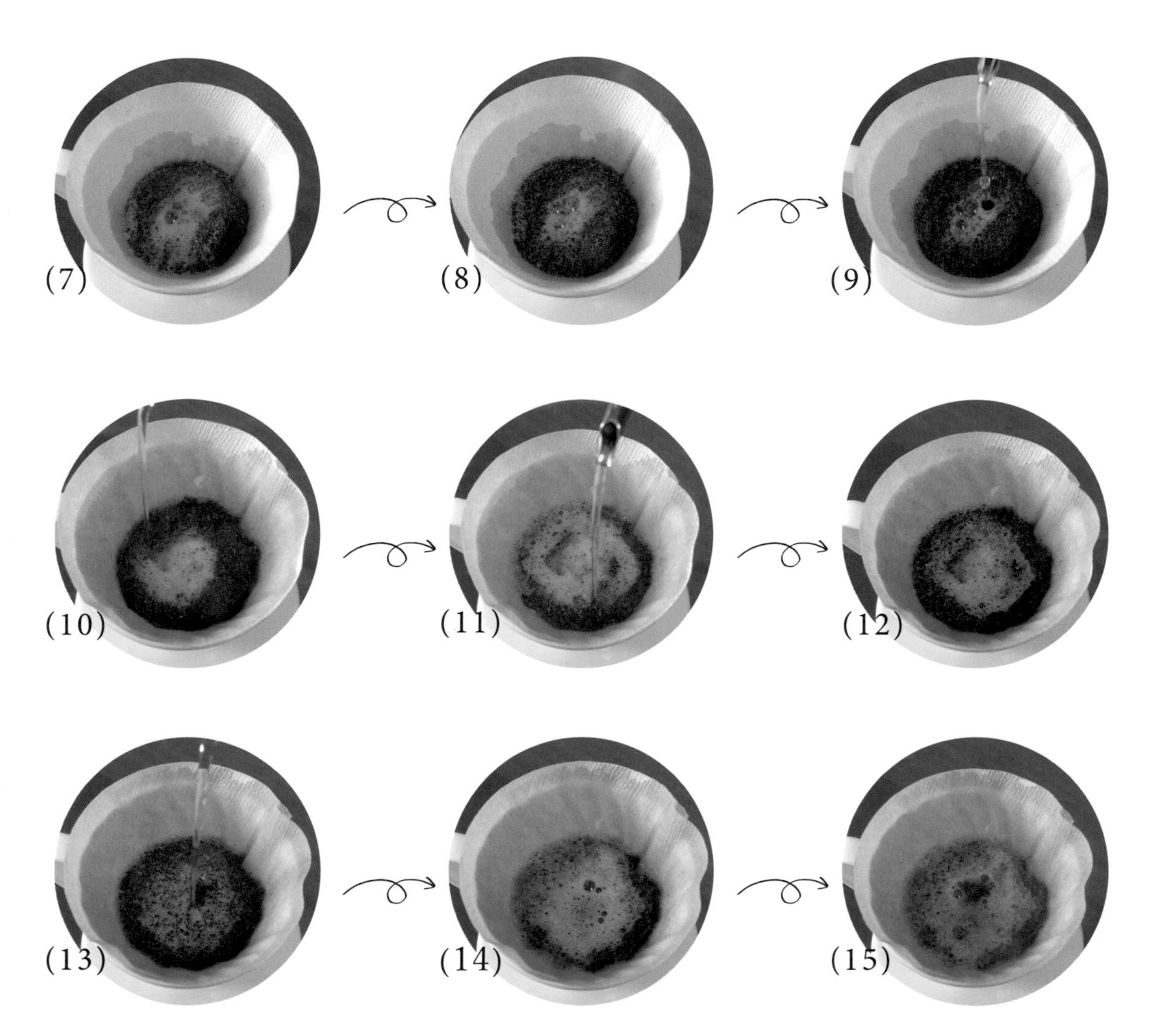

沖水時要以中心點為主將水注入，水柱應該強勁有力，而不是將水倒在粉層表面而已。

這時水位需要增加來確保Hario V60扭擠的功能可以確實產生。

而這裡增加的幅度只要高於原本粉層高度即可。

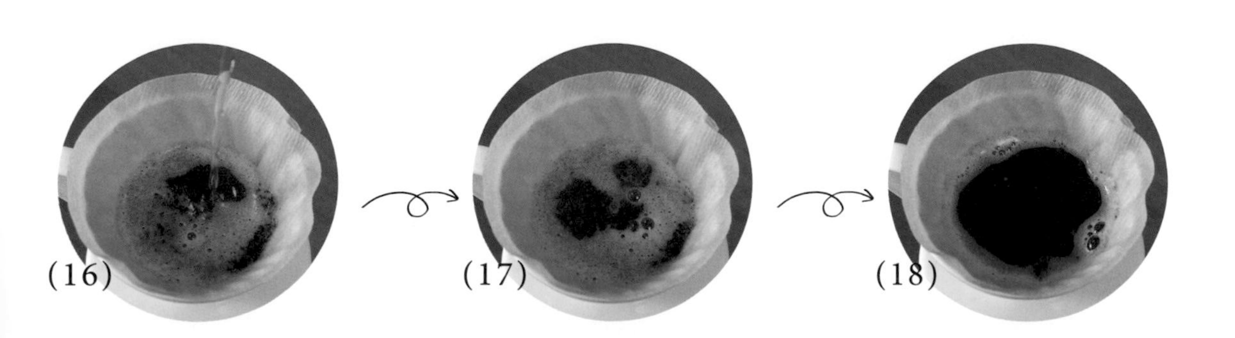

河野 KONO 設計概念與沖煮示範

沖煮的條件

顆粒粗細 小富士 #3

KONO 的虹吸萃取（氣壓式萃取）

另一個較為獨特的圓錐濾杯是 KONO，它的肋骨是直條狀，而深度只有一般濾杯的 1/3，如果當我們將濾紙放入濾杯後加水弄濕，會發現濾紙在沒有肋骨的地方，會緊貼著杯壁，形成密閉的狀態，雖然看似排氣極差，但卻造就了獨一無二虹吸式（氣壓）萃取。

設計概念

虹吸式萃取

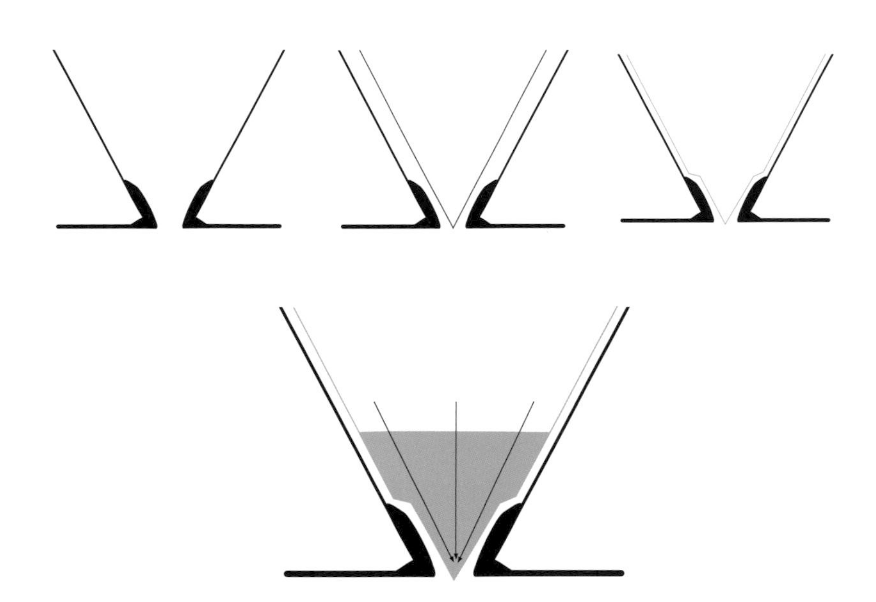

濾紙在吃水後，會沾黏在 KONO 的濾杯壁上，此時唯一有空氣流動的部分，就是底部凸起的肋骨所產生的空間。在有限的排氣空間中，如果要增加空氣的流動量，濾杯的水位就要增加，利用水的重量往下壓，同時讓濾紙沾黏濾杯壁的密合效應，產生有如虹吸效應的下抽反應。

這個抽取效應產生時，不單單是加速水位的下降，抽取的力道也會帶動水流，將咖啡顆粒內部的可溶性物質一起帶出，在口感上會顯得特別醇厚。

要讓可溶性物質可以隨著下抽的水流被萃取出來，必須確保咖啡顆粒可以吸取到最大的水量，所以在一開始可以用滴水的手法，確保濾紙的所有顆粒吃水飽和度，同時當水往顆粒底層下去時，濾紙會因為吃水而沾黏在濾杯壁上，此時濾杯底部就會產生小水柱，形成密閉效果。而此滴水的過程，也讓多數的咖啡顆粒，得到最佳的飽和度，這也是用 KONO 濾杯所沖煮的咖啡口感極佳的重要環節。

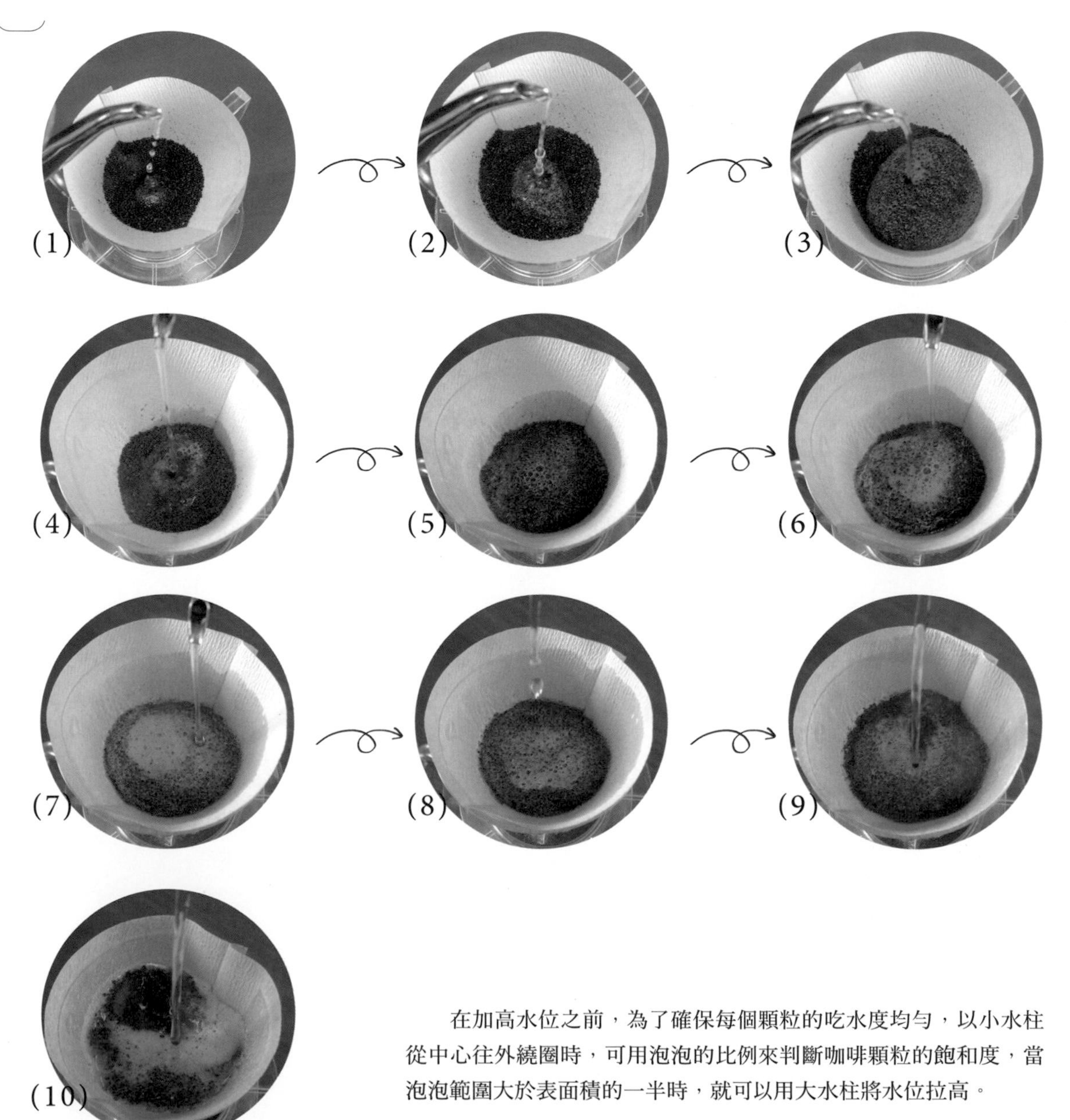

在加高水位之前，為了確保每個顆粒的吃水度均勻，以小水柱從中心往外繞圈時，可用泡泡的比例來判斷咖啡顆粒的飽和度，當泡泡範圍大於表面積的一半時，就可以用大水柱將水位拉高。

改良的 KONO 濾杯——醜小鴨的萃取概念

改良的目的——更簡單的沖煮模式

為此KONO在90週年時，將濾杯做了一些改進後，順勢推出了紀念版濾杯（左頁照片），同時也將前述的缺失做了相當不錯的改善。設計上的主要差異，就是縮短了咖啡液的出口處，以及下座環狀的距離。

前文有提及這個部分的構造可以集中抽取氣流，讓KONO濾杯本身的虹吸式萃取，可以有效的延續。而出口處縮短的主要目的，是為了讓抽取的力道不要太集中，藉此讓咖啡顆粒的可溶性物質，得以增加與空氣接觸的時間。這麼一來，香氣和濃度就可以有效的提升。

萃取出口路徑的縮短，其實會影響虹吸效應，所以為了要確保虹吸效應的完整，在肋骨的部分也做了適度的調整，而調整的部分就是將肋骨的長度縮短，並且將厚度也降低了一些。這些調整都是為了要確保濾紙在吸水時，能更緊密的黏貼在濾杯壁上，以防因萃取出口路徑變短，而造成抽取力差異過大。

沖煮用最佳的濾杯——扇形濾杯

三洋濾杯的設計與沖煮示範

Melitta 1×1 唯一將圓錐與扇形結合的超強濾杯

- Melitta 與三洋的差異點
- Melitta 的優勢
- Melitta 的給水模式
- Melitta 濾杯與選擇性萃取的完美搭配

三洋濾杯的設計與沖煮示範

沖煮的條件

顆粒粗細 小富士 #3

〔最佳濾杯〕

是同時具備沖刷與浸泡的功能，像是三洋出產的
扇形單孔濾杯與 Melitta 出產的扇形單孔濾杯。

從側邊來看，照片左側的三洋濾杯深度較深，右邊的 Melitta 濾杯較淺，在兩個濾杯裡放入相同分量的咖啡顆粒時，三洋的深度將給予顆粒更多的時間和水結合，而此設計是為了讓顆粒吸收更多的熱水，並在接下來的水位下降時，帶出更多的可溶性物質，讓口感變得更紮實厚重。而內部肋骨明顯增高的設計，則可確保排氣的效果。在底部的部分，三洋濾杯也有小巧思，那就是將底部的寬度稍微加寬，使得熱水可以停留得再久一點，讓水流往底部集中時不會馬上流走，以增加顆粒與水結合的程度。

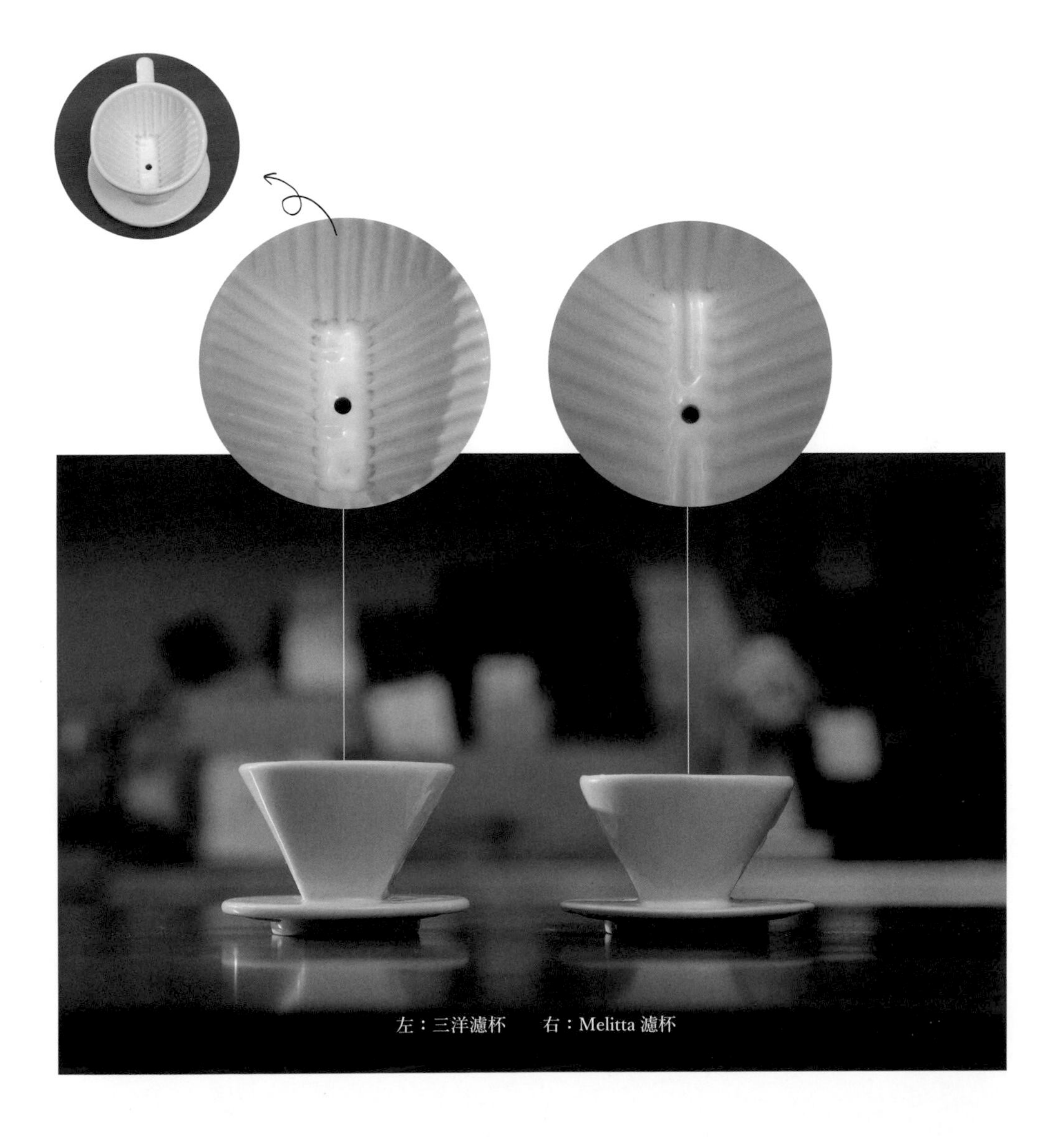

左：三洋濾杯　　右：Melitta 濾杯

沖煮示範

1. 三洋濾杯和 Kalita 三孔濾杯的給水模式其實大同小異，但是因為它擁有優良的空氣流動效果，所以只要在給水的手法上稍做改善，就能讓 Kalita 無法帶出的濃郁口感，能在三洋的濾杯上得到明顯的加強。

2. 明顯突起的肋骨，給予三洋濾杯極佳的空氣流動效果，這不但能讓粉層的表面的水加速往底部流去，還可以避免水在粉層表面停留過久，所以讓我們可以放心用小水柱，仔細的將表層咖啡顆粒鋪滿水。

3. 重複用小水柱以の字型方式鋪水時，表面會開始產生泡泡，而顏色會接近深褐色。在鋪水的過程請注意不要繞到太外圈，以避免讓水柱澆淋到濾紙，要是水澆淋在濾紙上的話，會導致熱水沒流經咖啡顆粒，就直接從濾紙上流到咖啡壺裡，而沖淡了原本的咖啡濃度；最差的狀態，還會讓沖煮好的咖啡產生澀味。

4. 如圖示，每次繞到最外圈時，要和濾紙保持一定的距離。

5-10. 持續給水至所需的萃取量。

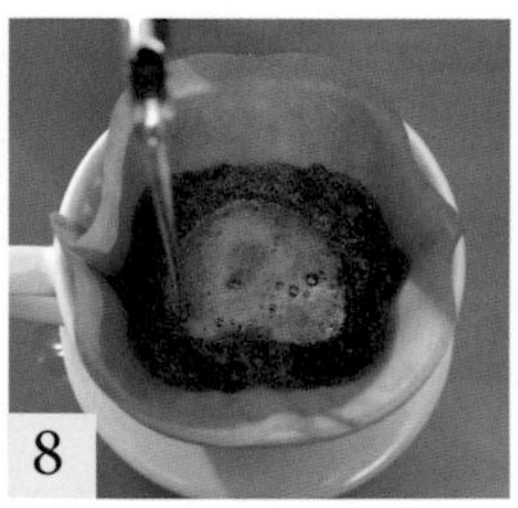

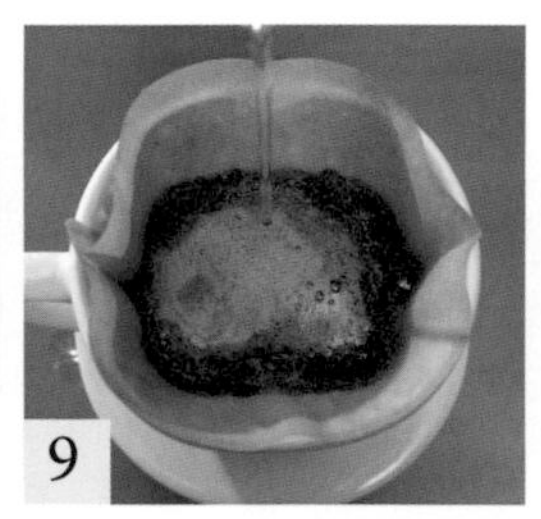

沖煮示範

> 當泡泡所分布的面積越多時，就代表咖啡顆粒的吃水比例相對的越高。而泡泡的顏色之所以會由深褐色慢慢轉淡，是因為排氣量會隨著咖啡顆粒內部的空間大小而變化。

隨著鋪水的次數變多，泡泡的面積會一直變大，而泡泡是因來自顆粒內部的排氣，在通過粉層裡的水所產生。所以當泡泡所分布的面積越多時，就代表顆粒吃水的比例相對越高。而泡泡的顏色之所以會由深褐色慢慢轉淡，是排氣量會隨著咖啡顆粒內部的空間大小而變化，一開始內部空間大、排氣量大，隨之排出的物質較多，泡泡的顏色也會偏深褐色，一旦泡泡顏色轉淡，也就表示顆粒內部已趨近飽和，此時就要讓剩餘的可溶性物質盡快釋放，以免浸泡過度而釋出澀味。

（照片中的沖煮順序為左上→右下）

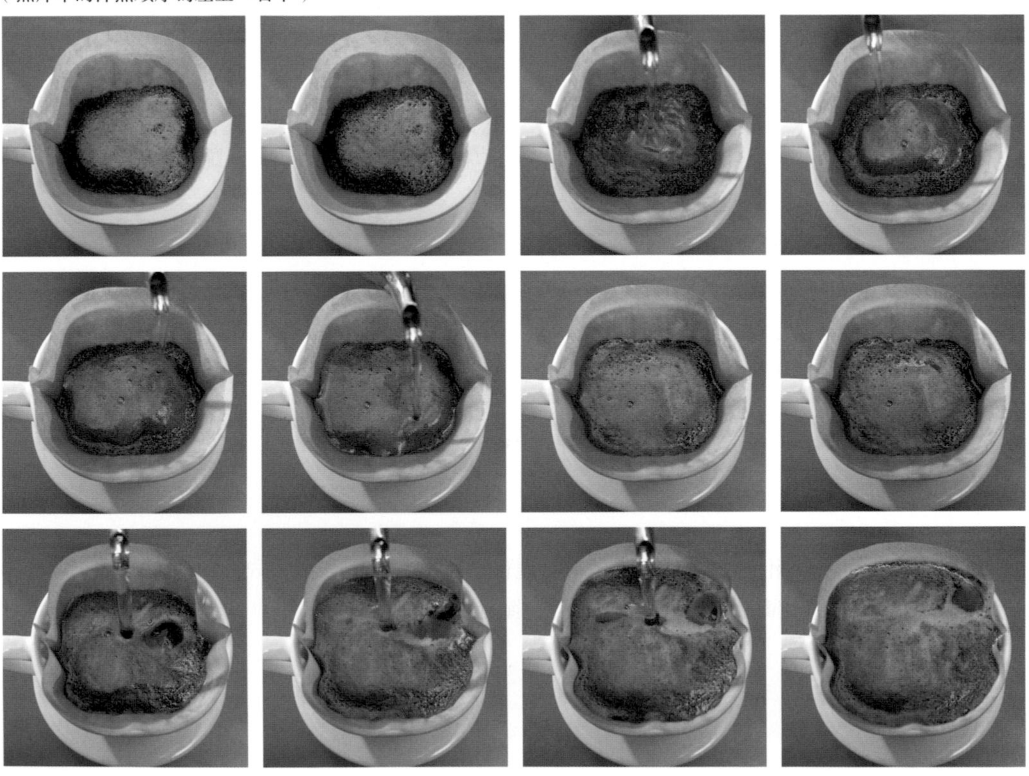

鋪水時要注意水柱不要忽大忽小，當然也不可以有水柱間斷的情況產生。

上圖中所有泡泡的顏色都非常接近，這代表給水的水柱穩定，咖啡顆粒在排氣的過程中，不會因為水量忽大忽小，而有部分區域排氣異常旺盛、部分區域偏弱的狀況產生。

而接下來的沖煮就是要讓吃水飽和的顆粒釋放出可溶性物質，因此當看到我們看到粉層表面的狀態如上圖所示時，就需要將給水模式加大，也就是將水量增加，利用水的牽引力帶出咖啡顆粒的可溶性物質。

Melitta1×1 唯一將圓錐與扇形結合的超強濾杯

沖煮的條件
顆粒粗細 小富士 #3

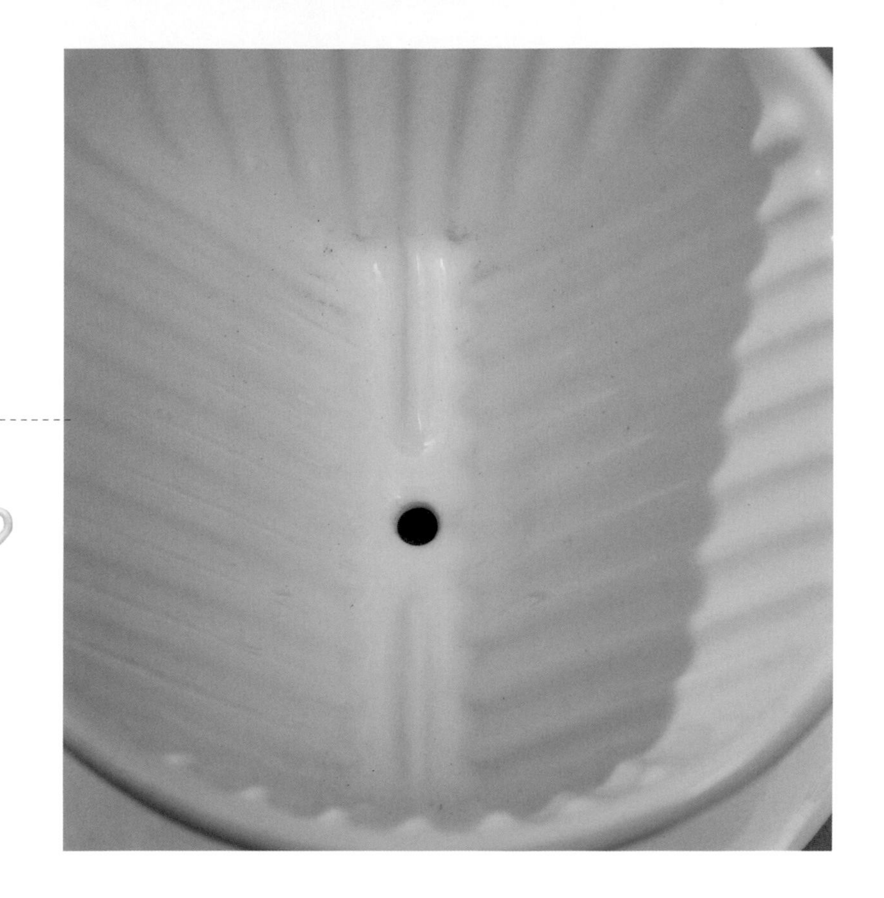

Melitta 濾杯

Melitta 將底部變窄看似是一個缺陷，但是只要稍微改變一下給水的概念，它會搖身一變成為同時擁有扇形與圓錐特性與優勢的強大濾杯。

Melitta 的優勢

同樣是扇形的 Melitta 濾杯，雖然在外觀沒有太大的差異，但只要仔細觀察內部，就會發現 Melitta 底部的寬度比三洋的濾杯窄了很多。

底部的寬度比較寬，會讓水在往下降時，多了一個緩衝的空間，不會讓水馬上流出濾杯。

之前所提過的圓錐濾杯為了增加水停留在咖啡顆粒的時間，會變相的大幅更動給水的手法，而讓沖煮出來的咖啡最後演變成以濃度為主要特色，而降低了口感的厚實度。因此如果要在口感上有所提升，還是必須以扇形濾杯的架構為主（也就是基本的浸泡功能），並將扇形濾杯的底部盡量拉近變窄，就能做出圓錐的基本架構。

Melitta 的給水模式

給水的方式中，以鋪水的模式，最能大大增加咖啡顆粒吃水的比例，而濾杯底部變窄時，就能讓持續鋪水動作所注入的水，不容易累積在底部。也就是說，Melitta 濾杯有機會讓濾杯裡所有的顆粒能同時吃到水，還能降低纖維泡水的機會，並且讓咖啡顆粒內部的可溶性物質，得到最大幅的釋出量。這時鋪水的概念，也需要稍微進步一下。

此時鋪水的的概念，也需要稍微調整為
拉開給水的路徑。

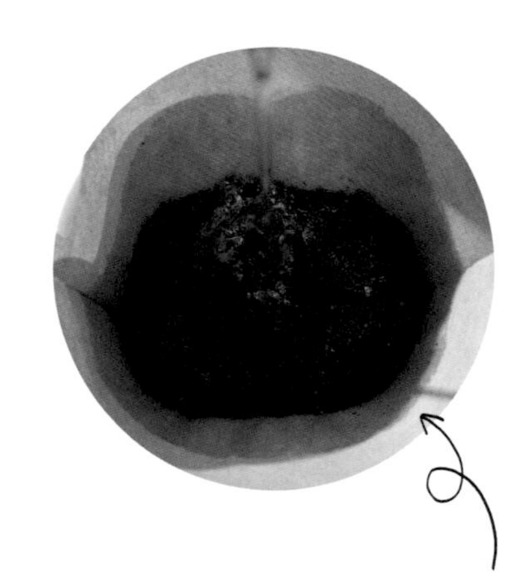

以往在初次進行表面粉層鋪水時，都會小心翼翼的以同心圓的方式，一圈一圈的由內往外繞出。隨著表面冒出的泡泡一直膨脹，似乎意味著給水的模式完美無誤，但我們可能會沒注意到，水位卻是下降得越來越慢。說穿了，這樣只是把熱水一直加到粉層表面，而沒有讓水往下流，時間一久不只是水位下降緩慢，還有可能帶出苦味與雜味。

這時候如果將給水路徑拉開，我們會發現水位就會下降出奇的快。

TIPS

1. 給水的架構從面積轉換成體積
2. 改善拉開鋪水的路徑
3. 重複最初拉開的路徑

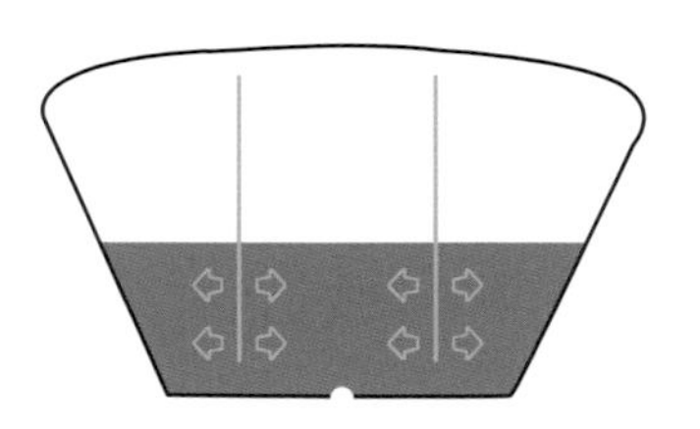

為了讓所有濾杯裡的咖啡顆粒都能同步吃水，我們要將給水的架構由面積轉換成體積，讓水柱由粉層內部往外擴散。而為了達到這樣的效果，第一項需改善的，就是要拉開鋪水的路徑。

一般鋪水的概念是要盡量讓表面的顆粒能完全吃到水，因此給水路徑會靠得很近，不過這樣卻會增加咖啡顆粒重複吃水的機會，雖然看起來好像給水很均勻，但實際上卻是咖啡顆粒重複吃水的開始，所以從第一次給水開始，就要將給水的路徑拉開。

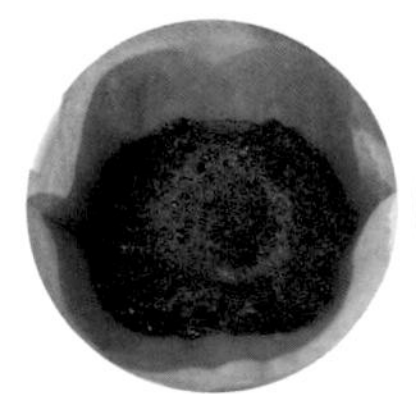

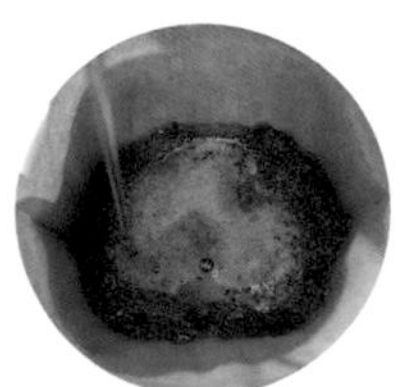

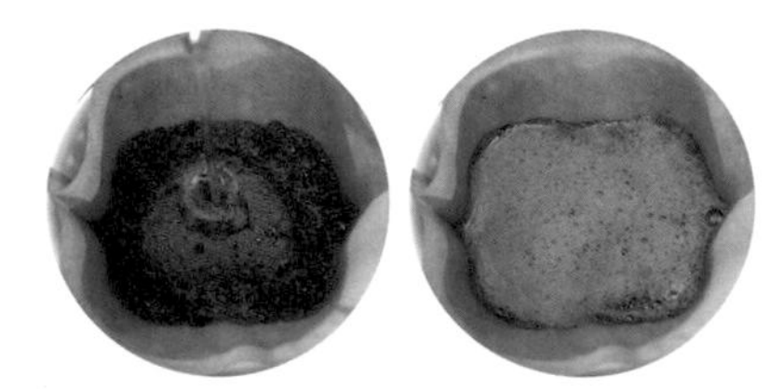

將給水路徑拉開後，我們會發現水能很快被吸光，這代表顆粒有將水分完全吸收，而且泡泡產生的比例較少，相對於路徑接近的給水方式，急遽產生的泡泡反而阻礙了咖啡顆粒的吸水能力。

當密集給水時，我們會發現表面的泡泡會大小不均，而且顏色深淺也會開始產生差異。反看右上圖，如果是重複最初拉開路徑的給水方式，咖啡顆粒產生的泡泡顏色就會趨於一致，泡泡顆粒大小也會相近。這也代表濾杯裡的所有咖啡顆粒吃水率都很一致。

在有限的水位上升過程，表面粉層在水位下降時，會慢慢呈現U字形（或缽狀），這表示給予的水量，在透過咖啡顆粒至濾紙外部時是均勻的流過。

相對的，這也是在反應給予的水量，都有均勻流過濾紙裡的每一個咖啡顆粒。這種狀態無疑是增加了顆粒的飽和程度，並讓水可以選擇性的萃取所有咖啡顆粒，這種讓人意想不到的絕對優勢，將於接下來的內容中詳述。

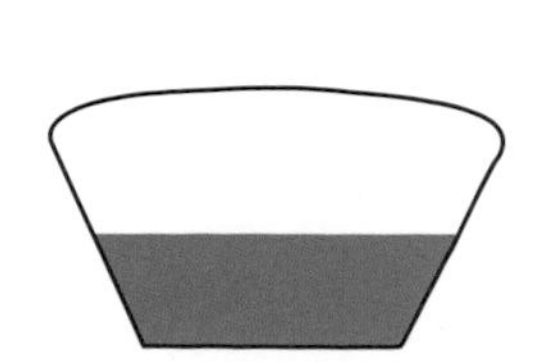

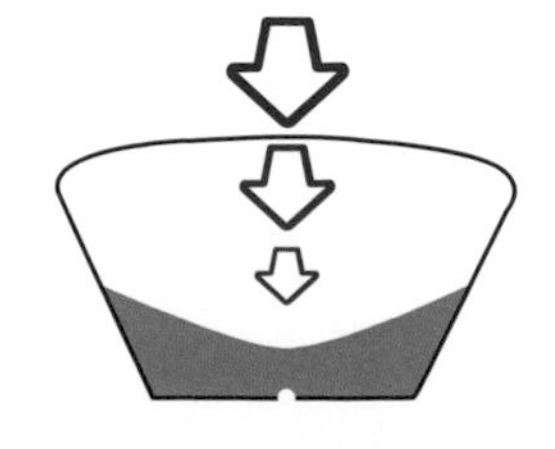

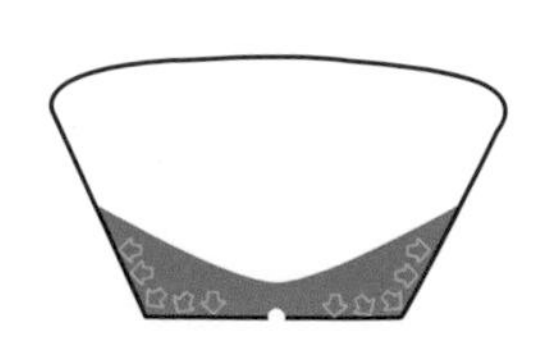

Melitta 濾杯與選擇性萃取的完美搭配

高濃度萃取沖煮示範 / 烘焙校正萃取示範

選擇性萃取——是利用手沖壺給水以及 Melitta 濾杯的特性，將水導入咖啡顆粒可以被萃取的部分，同時也可以利用給水的技術，避免沖刷木質部纖維與不可被萃取的部分。

咖啡在烘焙的過程中，主要的目的就是要得到最大量的轉化糖，一旦達到足夠的量時，糖漿的水分就會下降，而讓糖漿開始固化而拉扯到細胞壁，這時斷裂的細胞壁會發出聲響，同時將水分以蒸汽型態排放到咖啡顆粒外，此階段產生一爆的通道，也是轉化糖可以接觸熱水的通道。

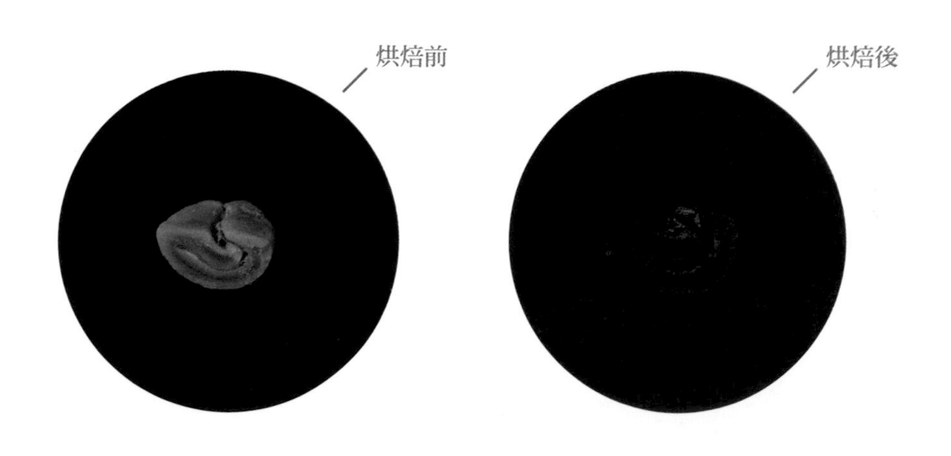

上方的兩張照片分別是烘焙前與烘焙後的咖啡豆。在外觀上除了顏色上的差異，再來就是顆粒變大了。

烘焙中所產生的轉化糖漿，會在接近固態時拉扯細胞壁而產生通道，這個通道就是轉化糖漿可接觸到水的路徑。

而在切面之間的比較，也可以看出烘焙過後的豆子，也開始呈現蜂巢狀般的小孔，這就是水分被蒸發之後所產生的空間。

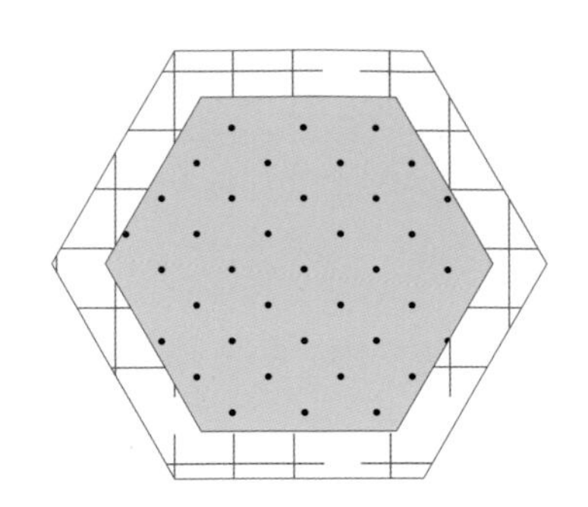

水分
植物纖維
可溶性物質

在生豆尚未經過烘焙之前，就像下圖一樣水分被包覆在植物性纖維裡，而這些小小的空間堆疊出來的，就是一顆咖啡生豆的主要結構。

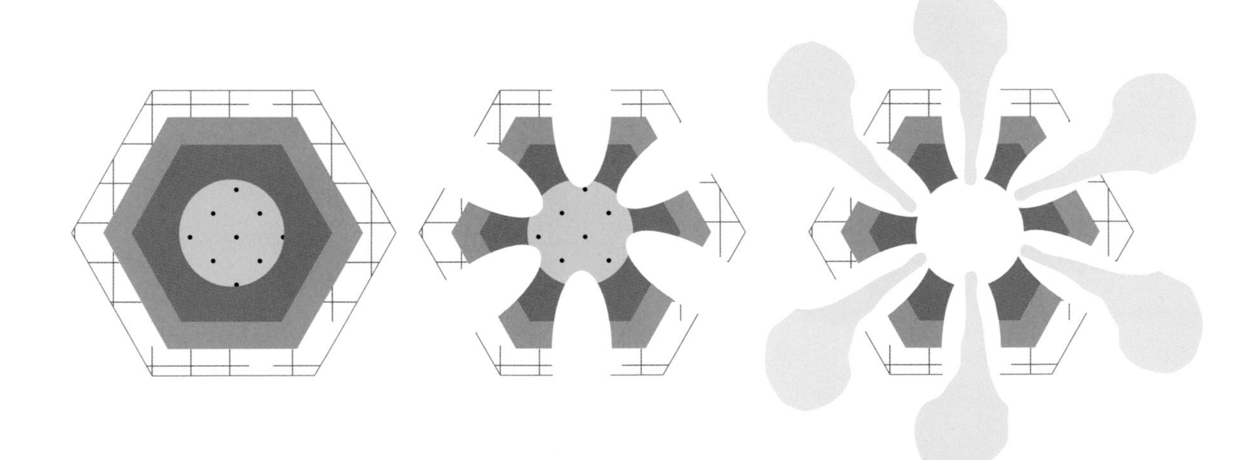

生豆開始加熱後所產生的水蒸氣在衝開纖維後，也會順勢將可溶性物質往邊緣帶去，如果是淺焙，就會剩餘一些水分。隨著焙度越深，水分也隨之越少，可溶性物質也會呈現粉末狀。

轉化糖本身的親水性很強，所以只要適當的給予水量，再加上流動性好，顆粒飽和的時間，也就是轉化糖溶於水的時間就會越快。

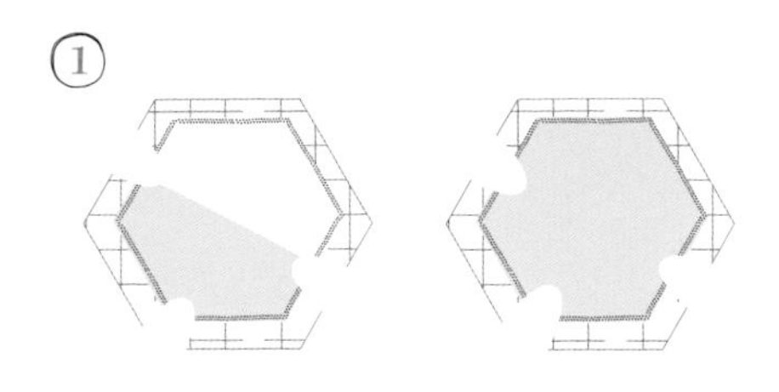

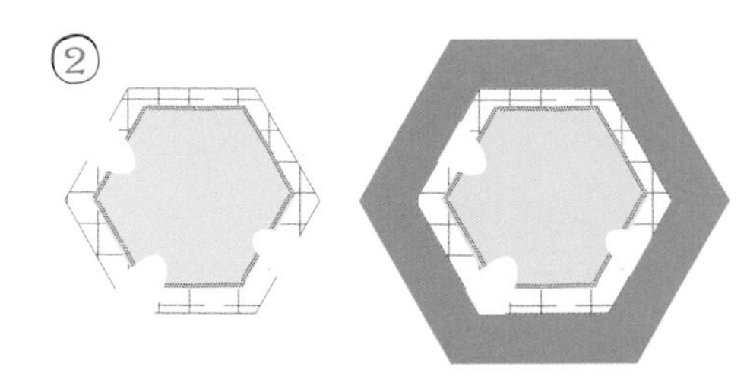

一般來說顆粒內部吃水要多，實際狀況應該是顆粒會在水中，就像第二張圖一樣，但是這樣會增加顆粒纖維吃水的比例，進而釋出雜味和澀味，所以如果顆粒並非是以吸附的狀態將水帶至內部，而是流經並帶走的方式（第三張圖），自然就可以大大降低纖維吃水的機會。

“為了可以達到這樣的一個目的，首先要做的就是將整體水量要控制在跟粉量一樣高。”

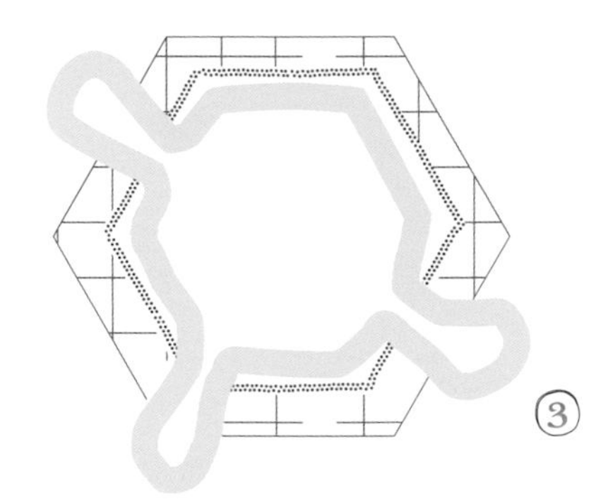

而這個方式其實就可以參考到 Hario V60 濾煮的沖煮方式，藉由沖刷的概念，讓水可以流經顆粒內部，而不以浸泡的方式來溶出可溶性物質。而濾杯的選擇則需要像 Hario V60 的良好排氣，但同時在後段萃取時，還是要有浸泡的功能，而首選的濾杯就是 Melitta 的扇形濾杯。

Melitta 的扇形濾杯因為底部比較窄，除了有集中水流的特色外，也間接加速了水位下降的速度。

這樣一來，Melitta 濾杯就可以一直在粉層表面做鋪水的動作，加上鋪水路徑不斷重複，粉層吃水就會從面積轉成體積的概念。

Melitta 濾杯的內部在設計上是接近 V 字型，也就是接近所謂的圓錐。如果粉層在給水過程中，水位下降後接近濾杯內部的形狀，就代表水流的路徑是均勻由內往外的，也就符合之前的給水概念。

這個 V 字型產生時，就開始第二階段給水，確保顆粒飽和度，而給水的方式也很簡單，只有對中心點給水，水位則維持不上升。

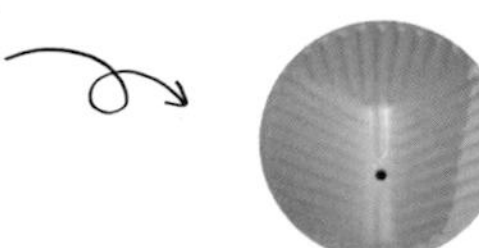

步驟示範

選擇性萃取高濃度

第一次給水時不超過原本的高度，接下來每一次給水，只要高於原本水位即可，持續到所萃取量即可。

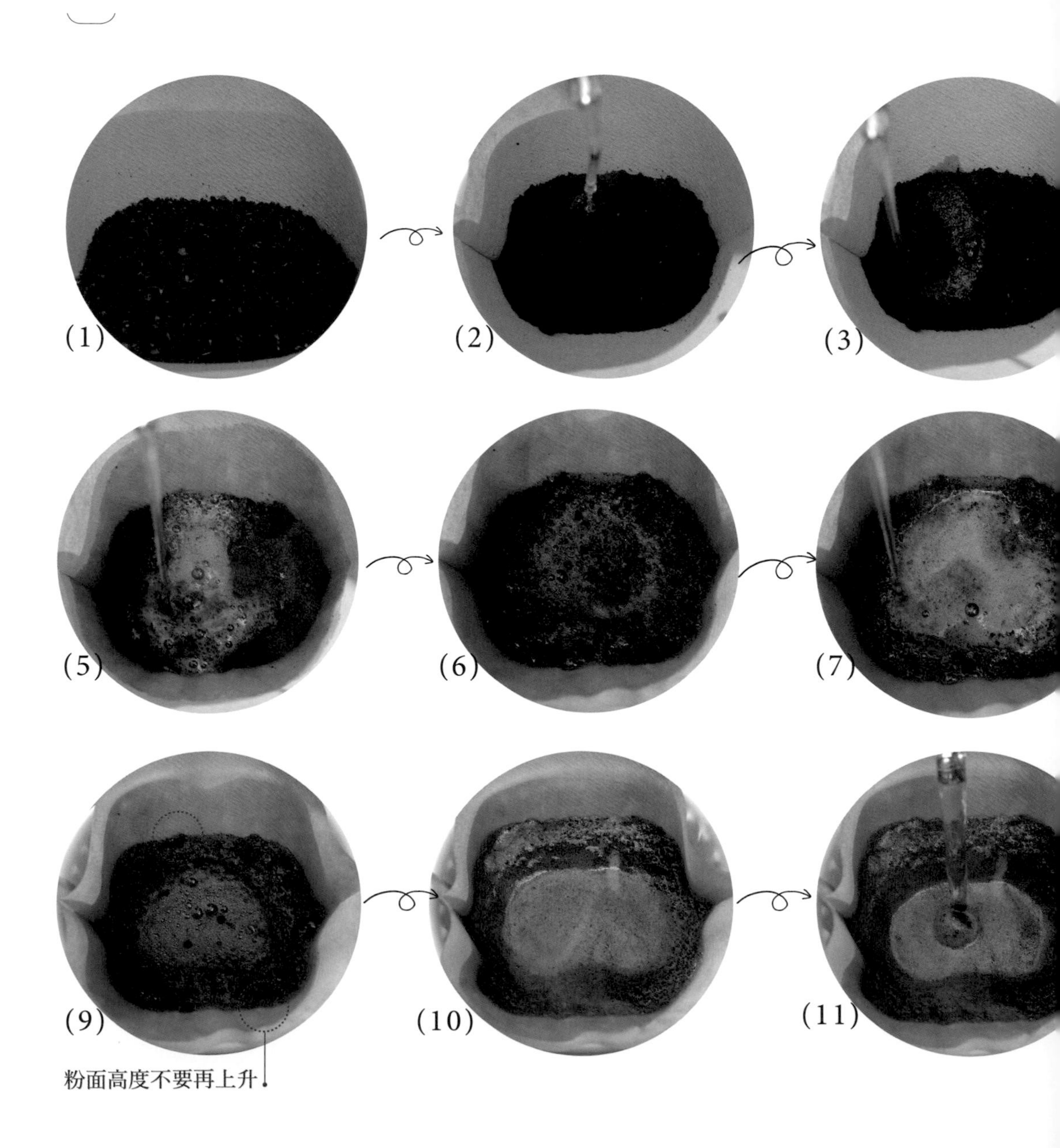

可瓶裝保存！
或加冰塊或牛
奶飲用。

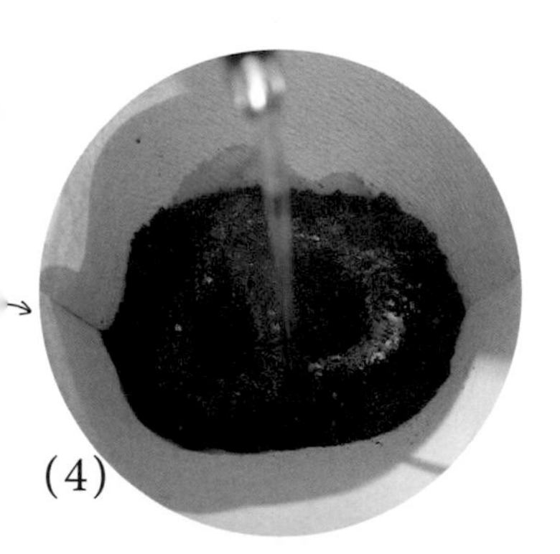
(4)

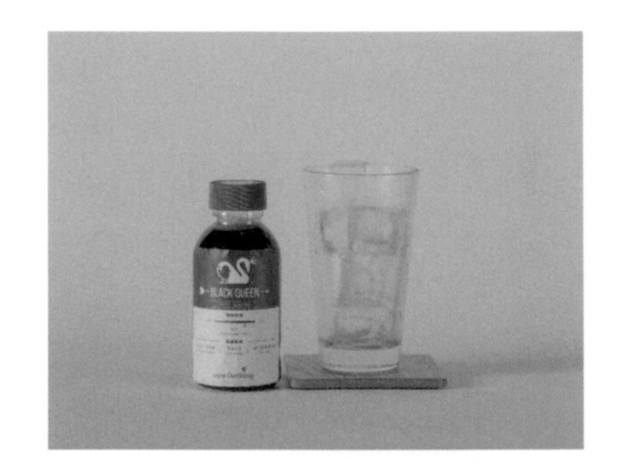

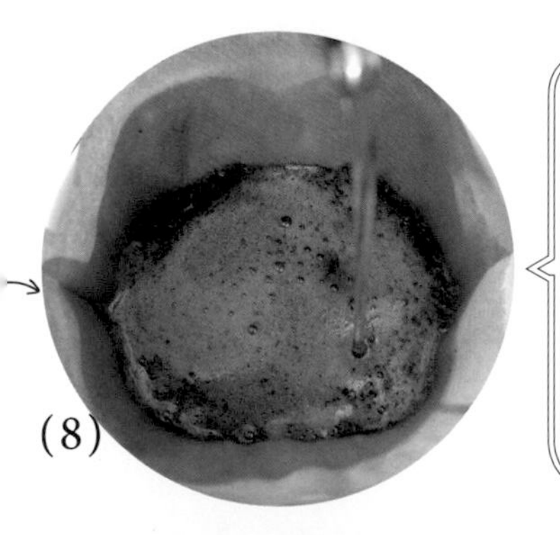
(8)

重複步驟（8）到萃取量至比例1:15，這就是高濃度的重點。

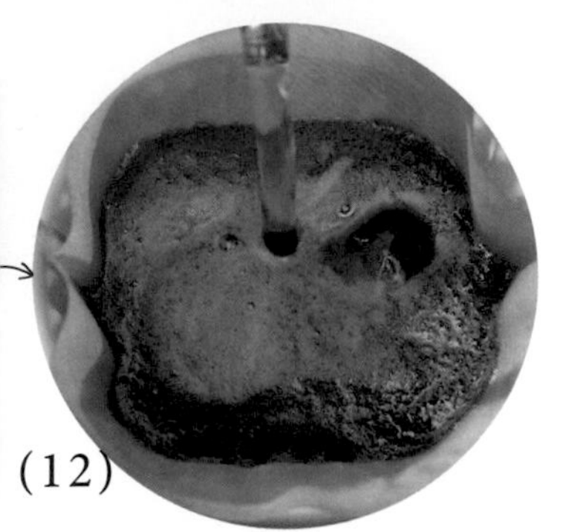
(12)

高濃度重點

手沖壺給水時，水位不要超過粉面高度，萃取比例是 1:15 (10 克咖啡粉萃取出 150c.c 咖啡液)。

步驟示範

烘焙校正萃取

一開始跟高濃度作法
一樣用鋪水的方式

(1)

(2)

表面膨脹漸緩時，就
可以做第二次鋪水

(6)

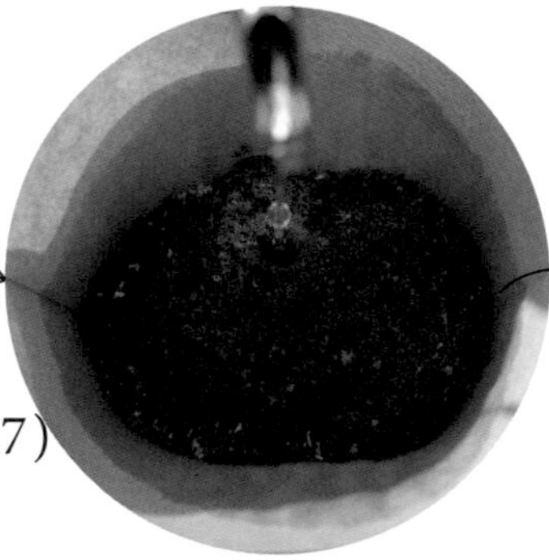

(7)

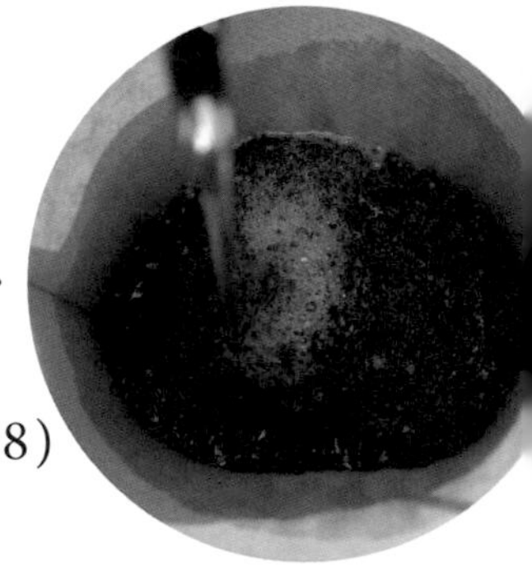

(8)

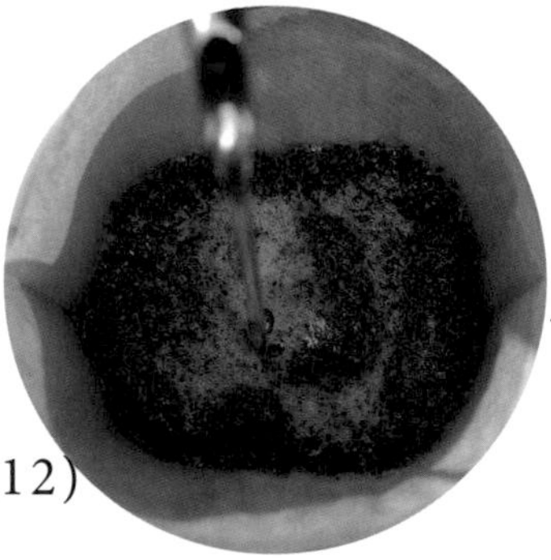

(12)

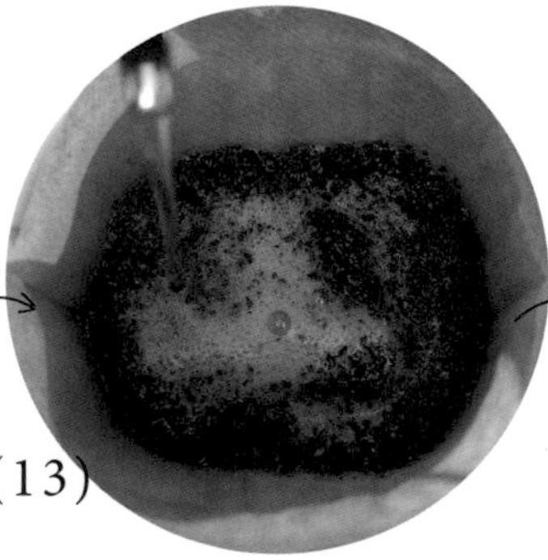

(13)

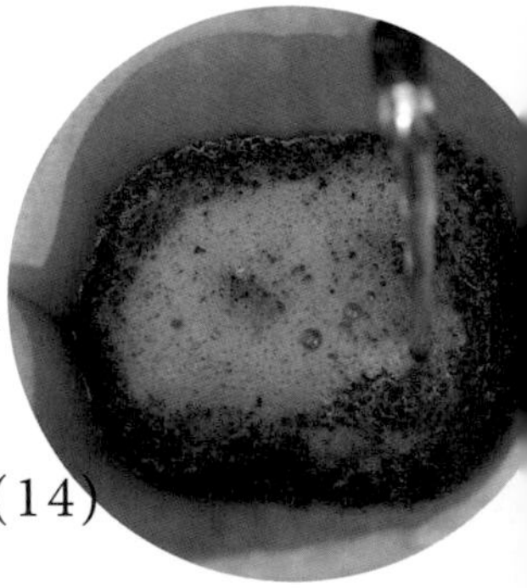

(14)

第三次給水則是在水位下降至
底部時開始加水，但要注意不
可超過原本水位高度

接下來重複第三次的給水模
檢視水位到達之泡沫面積

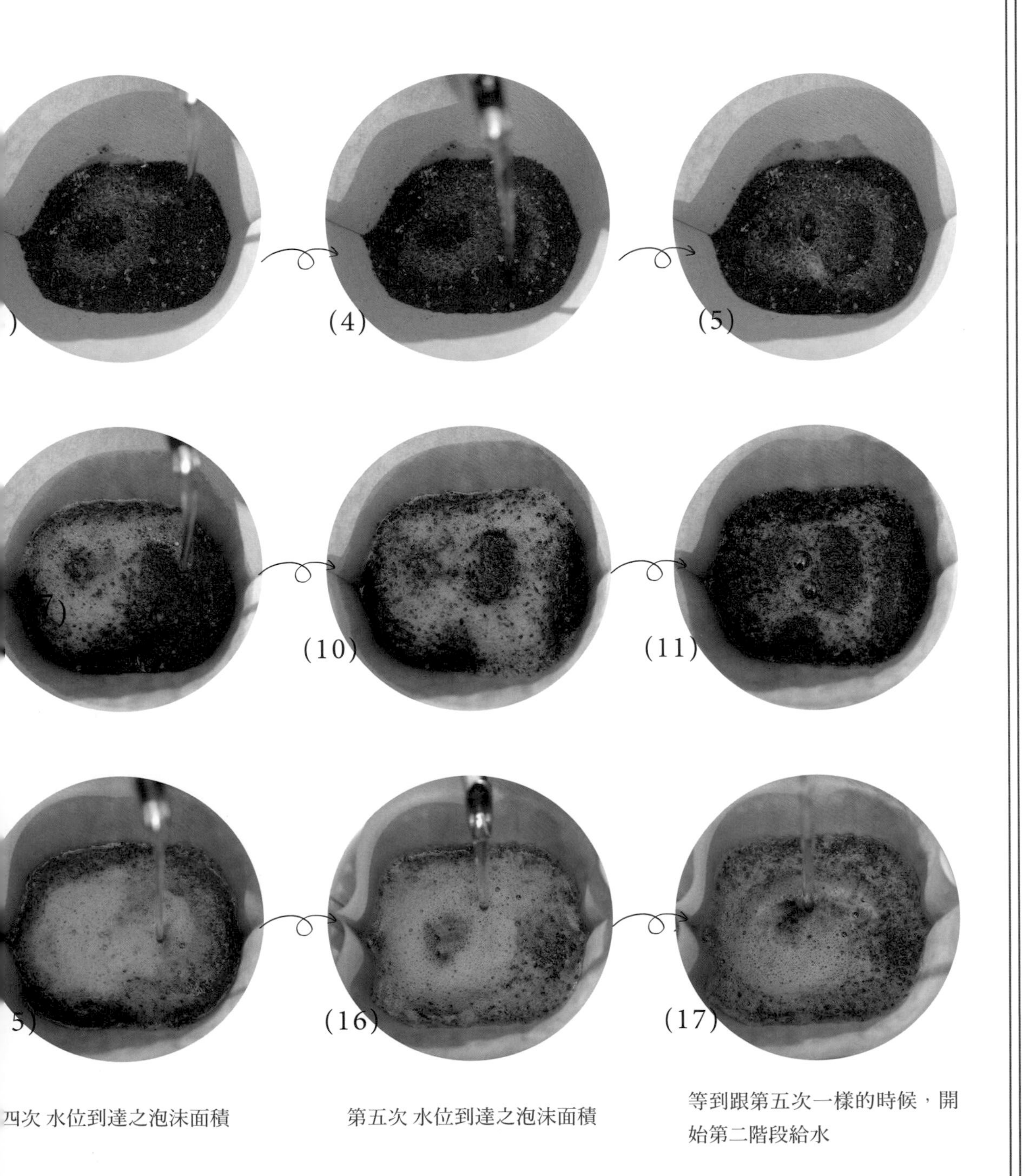

四次 水位到達之泡沫面積

第五次 水位到達之泡沫面積

等到跟第五次一樣的時候，開始第二階段給水

步驟示範

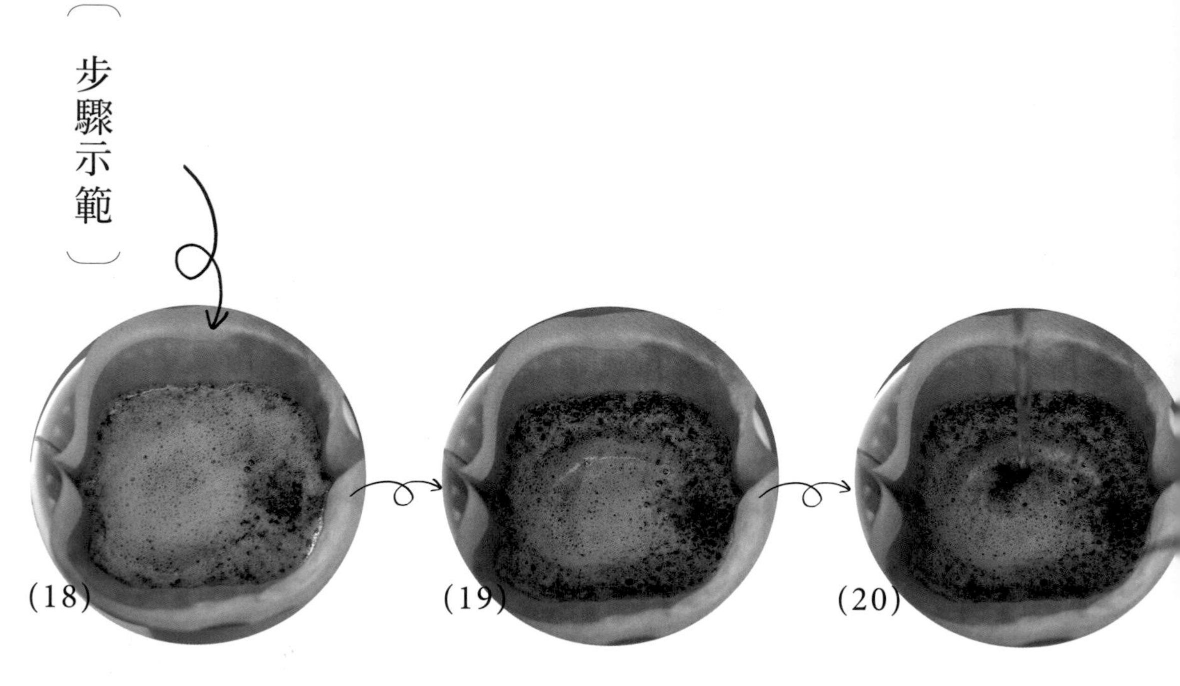

第五次給水結束之後的泡沫面積，已約占滿表面面積，這時就可以等水位下降至最低。

水位已下降至最低。

開始給水。

下次加水的時間，就是當你水位降至最低時。

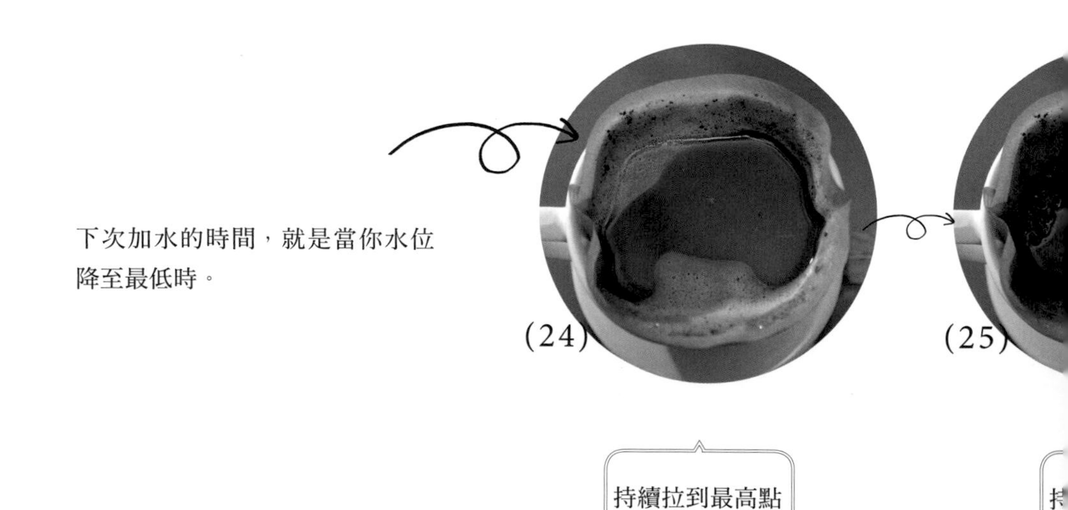

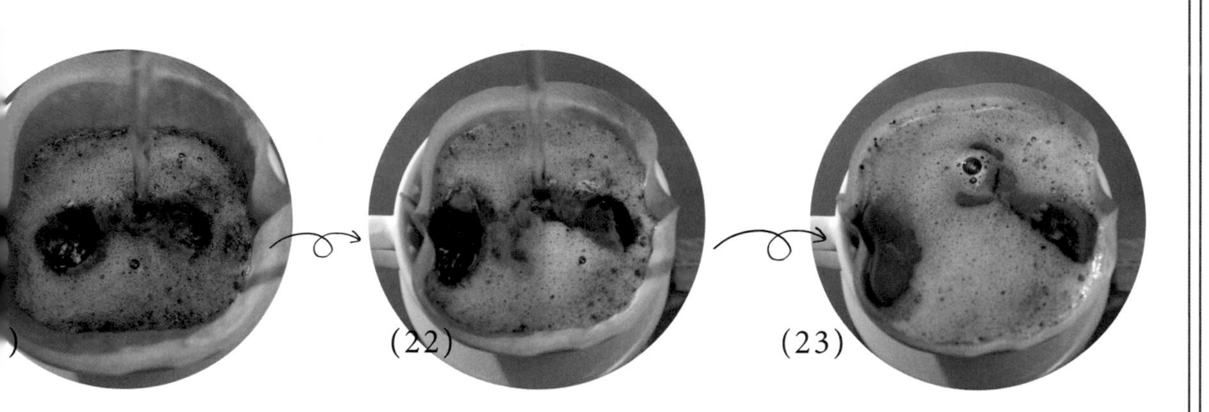

21）動作可重複至需要的萃
，選擇性萃取所要求的萃取
是 1:20，所以如果克數是 10
你的萃取量就是 200c.c。

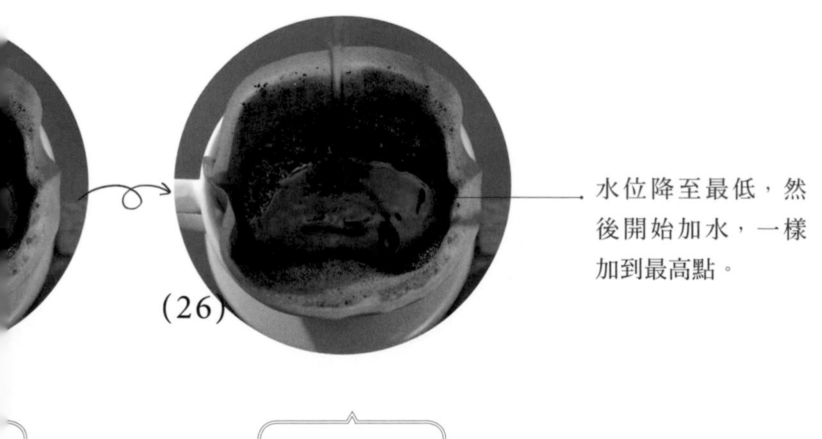

水位降至最低，然
後開始加水，一樣
加到最高點。

持續拉到最高點

選擇性萃取應用：媲美義式咖啡機的手作濃縮

足以媲美義式咖啡機的手作濃縮咖啡

濃縮是以含水量最少的萃取液為出發點，所以在給水模式就沒辦法用一般鋪水或是小水柱進行，因為水量一下子過多，就會減少可溶性物質的釋出，所以在濃縮製造過程中，要讓咖啡顆粒本身飽和之後，再用等量的水量將其萃出。

以此概念為出發，所以在給水上要用點水的方式增加顆粒的飽和。而濾杯的選用上則必須是包含浸泡與沖刷兩種功能的 Melitta SF1×1。濃縮製作的給水模式是以點水為主，為了將水量控制在「適中」的條件下，可以使用電子秤作為給水水量的檢視標準。

含水量最少的萃液其重點在於給水的控制，也就是整體顆粒要跟給水量接近。如果濾杯裡的整體粉量是 35g，每次的給水量就必須控制在 35c.c 左右，這時電子秤就派上用場（電子秤的選用上要注意一下靈敏度，反應太慢或是穩定性太差都會造成給水的誤差）。

Melitta 濾杯的底部設計較為接近圓錐形濾杯，所以水量較容易集中，而且架構還是以扇形濾杯為主，所以濃縮需要的萃取率在這個濾杯也是可以達到的。而在給水的流程中，會集中在中心給水，以中心點向外擴張的方式，將整體粉層的顆粒達到飽和，所以這是接近圓錐的功能，比較不用擔心水會停滯在濾杯裡，進而浸泡到顆粒而使之帶出苦澀味。

手作濃縮製作的條件

咖啡粉 35g

顆粒粗細 小富士 #2.5

電子秤 一台

有刻度的量杯 一只

萃取量 250cc

(1)

(2)

一開始的時候在中心位置做持續點水的方式，一直到有泡沫產生。

(3)

隨著點水時間拉長，泡沫的面積會慢慢變大。

(4)

這時就要開始繞著泡沫外圍做點水的動作，讓表面顆粒吃水均勻。

(5)

慢慢點水至最外圍時，要留下一個小間距避免水會點至濾紙。

(6)

持續這個給水模式一直到電子秤的重量顯示超過 35g（+5g 是允許範圍）第一階段給水就算完成了。

(7)

這時候可以讓顆粒靜置 30 秒，讓剩餘的熱水繼續讓顆粒吸收。

(8)

30 秒過後，粉層表面的水分已被吸收，接下來重複同樣的給水模式。

(9)

給到電子秤顯示 35g 就可以停止給水，等待 30 秒或表面無水分殘留，這個給水模式要做到泡沫占滿整個面積為止。

當泡沫占滿整個面積，就可以開始第二階段給水。

(10)

第二階段用鋪水的方式從中心開始，以同心圓的方式慢慢繞到外圍。

(14)

等待水位下降。

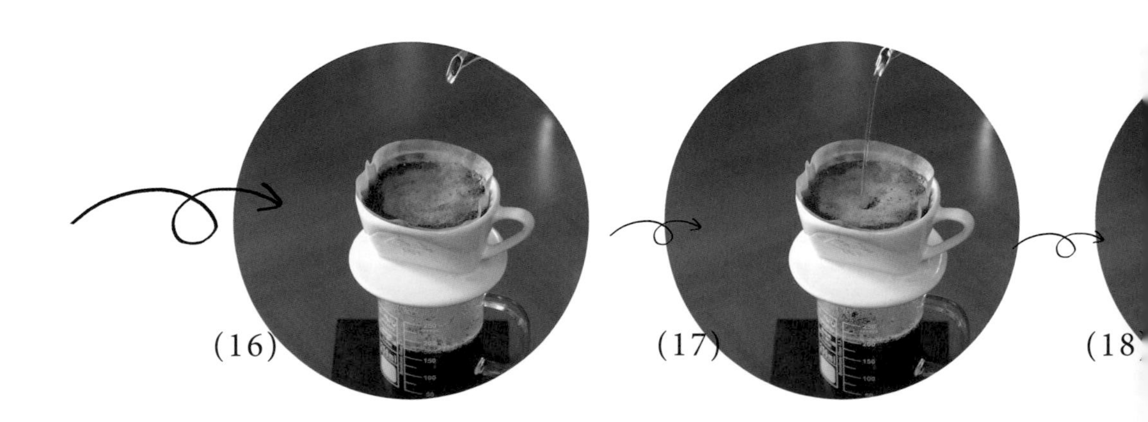

(16) (17) (18)

以此重複動作，一直到萃取量到200cc 即可停止。

停水的時間點是水位已經達到原本粉層高度。

降到最低，此時才開始
動作。

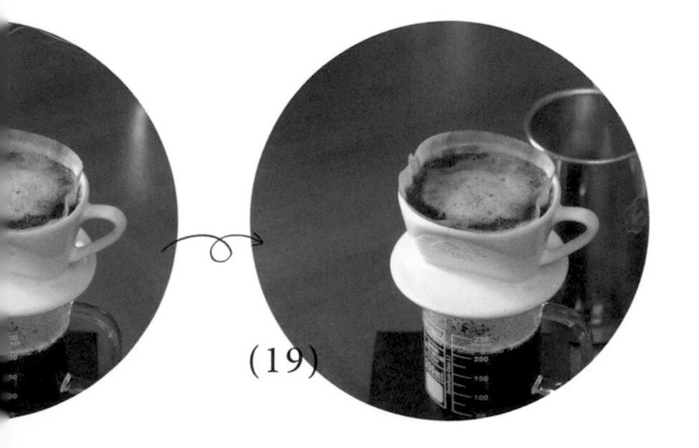

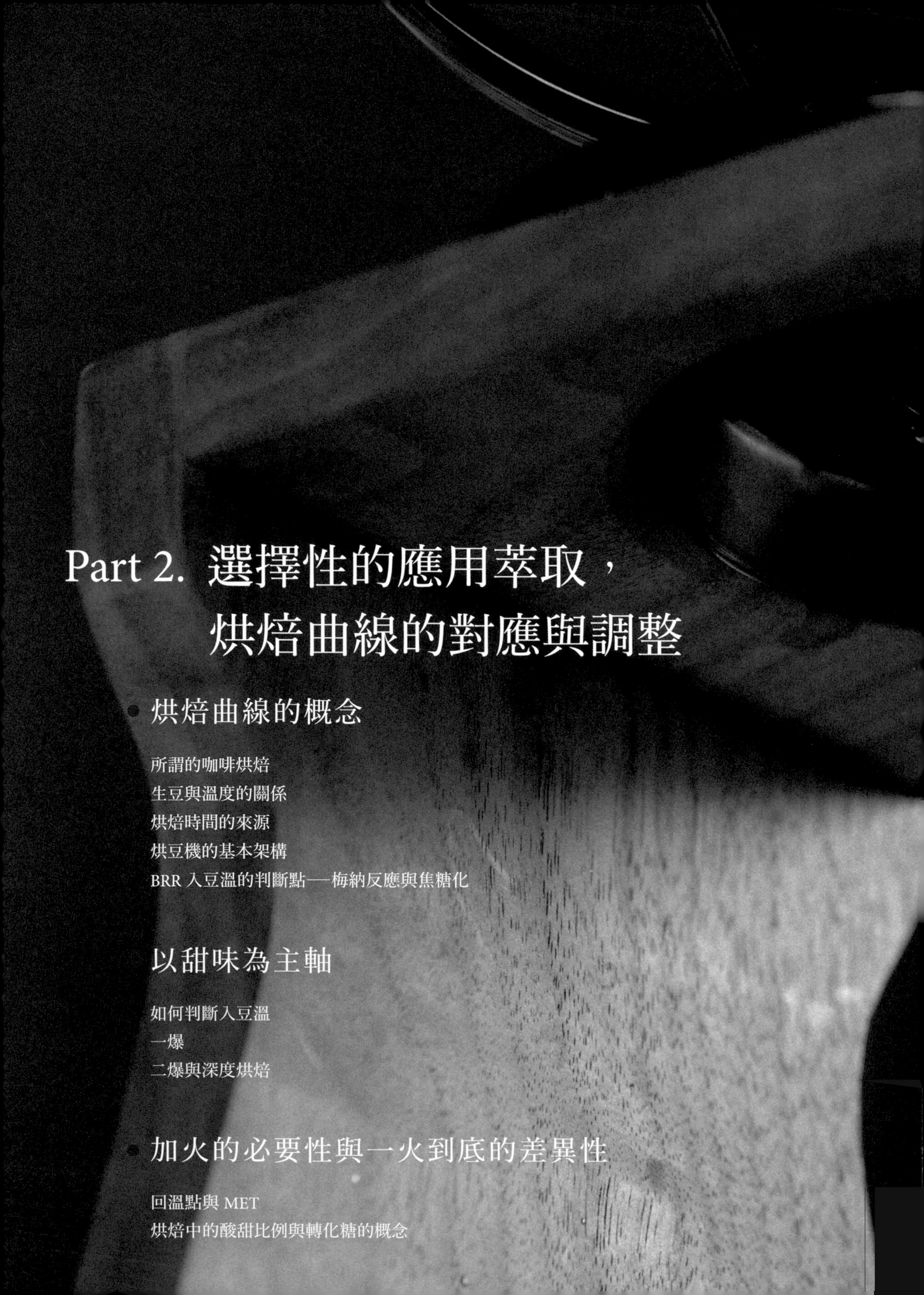

Part 2. 選擇性的應用萃取，烘焙曲線的對應與調整

烘焙曲線的概念

所謂的咖啡烘焙
生豆與溫度的關係
烘焙時間的來源
烘豆機的基本架構
BRR 入豆溫的判斷點──梅納反應與焦糖化

以甜味為主軸

如何判斷入豆溫
一爆
二爆與深度烘焙

加火的必要性與一火到底的差異性

回溫點與 MET
烘焙中的酸甜比例與轉化糖的概念

定義曲線

烘焙曲線的概念

所謂的咖啡烘焙

所謂的「咖啡烘焙訣竅」就是讓咖啡生豆這項食材，在受熱過程中讓熱力均勻的傳導到咖啡豆的內部，使內外的受熱能夠一致，以求烘焙出風味絕佳的產品。

咖啡生豆的內部結構是由木質纖維架構而成，而纖維空間裡則富含水分、蔗糖、蛋白質以及油脂等物質。烘焙的目的就在於將內部的水分均勻地釋出，而在烘焙的過程中，不是讓咖啡豆由外而內的讓水分漸漸變乾，而是能夠內外一致地使整體的水分釋出。

生豆的顆粒因為具有一定的體積，所以在給予溫度進行烘焙的過程中，要讓設定的火力能夠直接透入咖啡豆內部，而非由外部慢慢一點一點的進入內部。因為生豆本身就有一定的含水量，所以在整個烘焙過程中，應該是不斷的升高溫度與火力，來進行對應與調整，讓熱能可以透入咖啡顆粒的內部。也因為這樣的對應關係，所以才會衍生出所謂的「烘焙曲線」。

烘焙曲線圖

| 溫度　● 生豆的溫度　— 時間

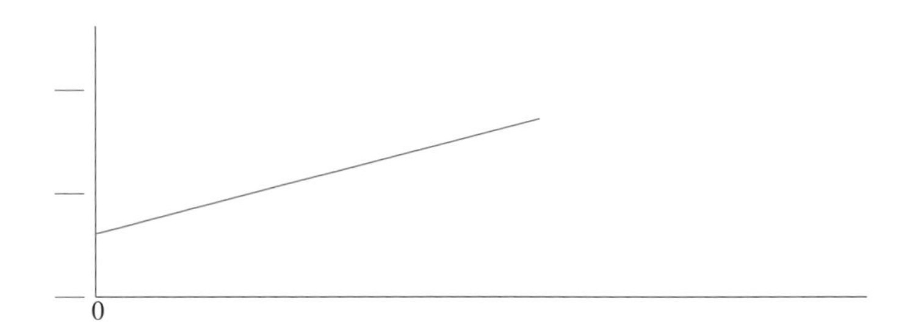

曲線的縱軸是代表溫度，橫軸則代表時間。中間的紅線部分，是代表理想狀態下，生豆的溫度會隨著時間成線性成長。

不過因為咖啡生豆不是片狀的型態，而是有厚度的顆粒狀，所以溫度在透入生豆時，並不會以線性成長的方式進行。烘焙初期咖啡豆表面，會因最先受熱而升溫，但內部則還是未受熱的狀態，因此烘焙初期階段整體的溫度會是下降的，而等到整體都均勻受熱後，溫度才會開始爬升，所以咖啡豆的溫度和時間變化，是以曲線的型態呈現的。

烘焙曲線圖

| 溫度　● 生豆的溫度　— 時間

咖啡豆受熱示意圖

不論烘焙初始的溫度設定（進豆溫）為何，生豆溫度一定會比烘焙設定溫度低，因此在進豆時，溫度一定會有相當幅度的下降，讓一開始的烘焙曲線呈現下凹的狀態，等咖啡豆的內外部溫度平衡後，溫度才會爬升到進豆溫時的溫度設定。

烘焙曲線圖

| 溫度　— 時間　● 生豆的溫度

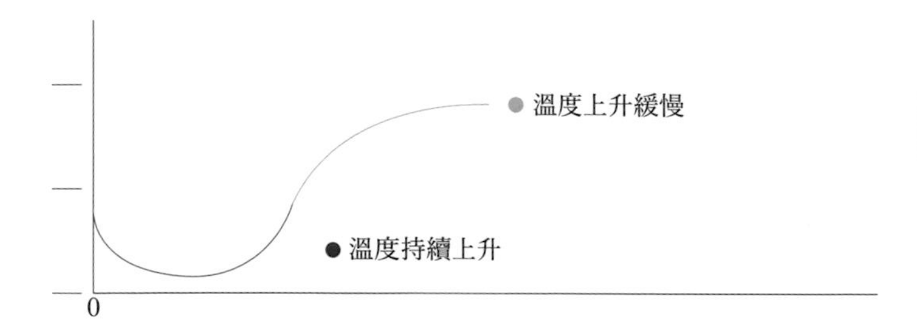

當溫度在爬升的階段，如果烘焙火力沒有適時地調升的話，就會讓熱力無法持續地透入生豆內部，而在表面停留過久，讓咖啡表面產生過度脫水的情況；而曲線爬升的幅度也會趨緩。

時間一旦過長，表面脫水過久，就會讓木質纖維產生焦化的現象，如此一來不但會影響到熱能的傳導，也容易會讓烘焙好的咖啡豆，在沖煮時釋放出木質的焦味。

因此當生豆溫度已經開始從底部爬升時，就要適時地將火力提升，讓熱能可以持續的透入生豆內部，讓生豆的表面和內部溫度，可以漸趨一致。

| 溫度　— 時間　● 生豆的溫度

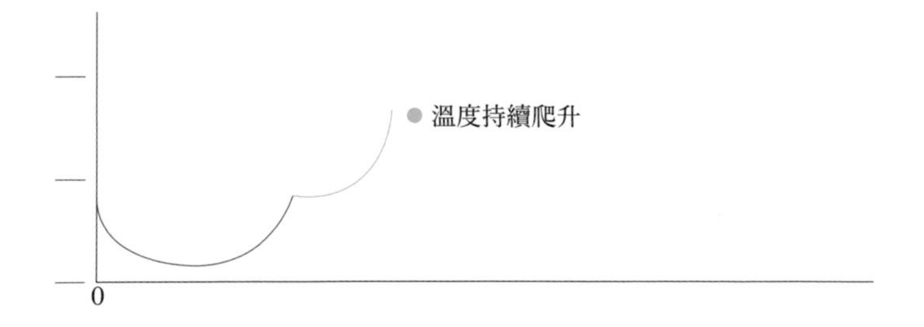

在持續加熱的情況下，內部轉化糖漿會開始呈現糖球狀而開始拉扯內部纖維而產生通道，這些通道就會轉為水蒸氣釋放的路徑而產生聲響，這就是所謂的「第一次爆裂」，也稱為「一爆」。

在一爆後，因水蒸氣釋出而產生的通道，讓熱能可以循此通道持續透入咖啡豆內部。而水蒸氣在釋出的同時，溫度也瞬間提升，將熱能順勢帶入生豆中心。

生豆溫度變化　水蒸氣　轉化糖漿

溫度　一時間　生豆的溫度

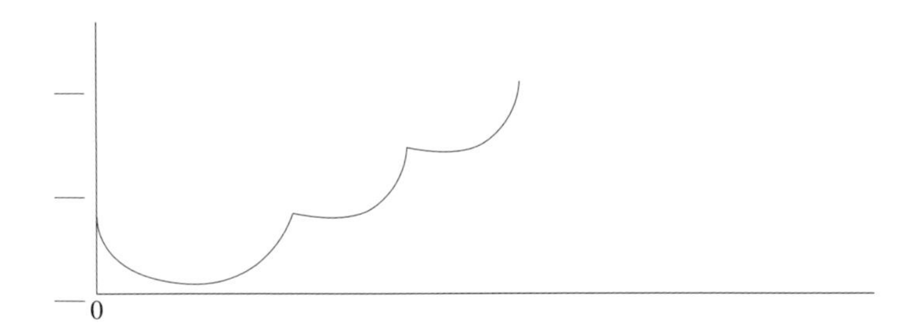

咖啡豆如果烘焙得好，整體的生豆都會由內到外均勻受熱，而研磨後的咖啡顆粒吃水均勻度就會高；反之，如果生豆受熱不均，甚至中心部分受熱不完全，研磨後的咖啡顆粒，就會有吃水無法均勻的狀況發生。

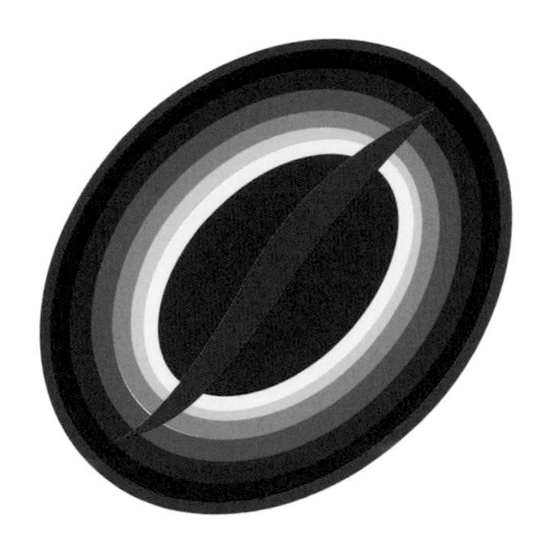

［受熱均勻］

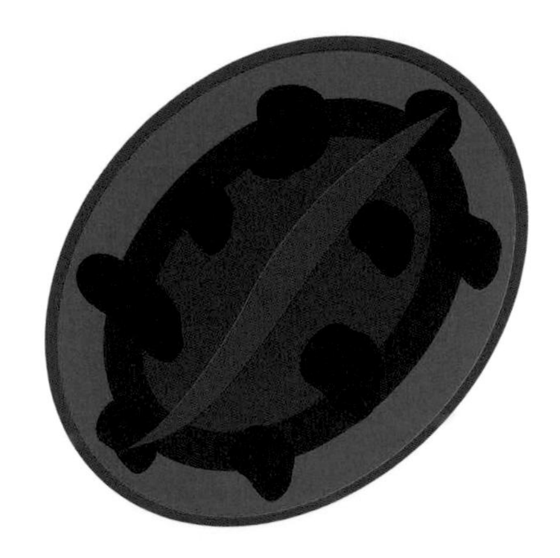

［內部受熱不均］

而所謂的「選擇性萃取」，就是為了判斷生豆受熱均勻與否，而研發出來的新技術。前文中曾提及選擇性萃取的基本概念，接下來將講解要如何應用在咖啡豆烘焙的調整上，讓各位在閱讀後，都能輕鬆掌握咖啡豆烘焙技術。

生豆與溫度的關係

經過前文的講解後，我們可以得知生豆和溫度的關係，不會是以絕對線性的方式呈現，而是會反應出生豆吸收熱能的狀況，以曲線的狀態呈現。而從這樣的曲線架構來觀察的話，我們可以歸納出幾個烘焙時需要注意的重點：

1. BRR 進豆點的溫度
2. △ T 回溫點
3. MET 加火點
4. 一爆的溫度
5. Drop 下豆的溫度

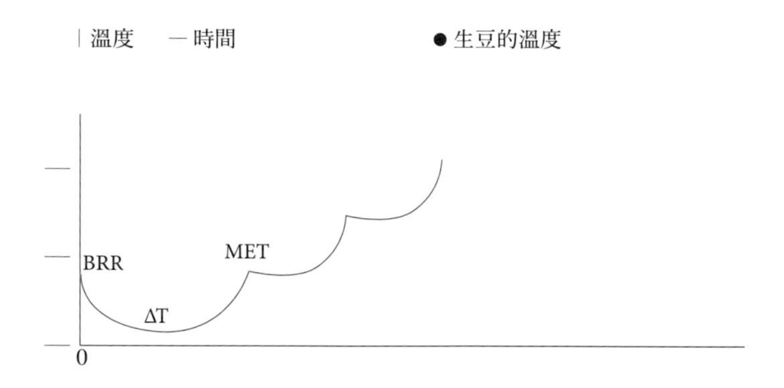

烘焙時間的來源

從烘焙曲線圖上可以觀察到前述的幾個重點，BRR ／△ T ／ MET ／一爆／ Drop，都是隨著時間增加而產生的，因此除了 BRR 之外，其他條件都會有相對應的時間。

真正影響烘焙時間長短的要素是火力的大小，「火力的掌控」會是決定咖啡豆烘焙品質的關鍵。接下來，將一一解釋每個重點，讓看似複雜的咖啡烘焙步驟，可以用最佳 SOP 的系統化來進行。

烘焙的第一個步驟就是要決定入豆溫，也是所謂的「BRR」的溫度。

前文中已有提到，咖啡生豆在烘焙時，溫度都是持續升高的，但因考量到起始質不宜過高或過低，所以就必須找到一個適當的溫度及對應的火力，而生豆的含水量則是判斷的依據。

BRR 的溫度決定了生豆在進入烘焙機鍋爐後，生豆表面吸熱的均匀程度。

上面2張圖分別代表含水量不同的咖啡生豆，外圍一層小圓圈部分是指木質纖維裡的含水空間，左圖的圓圈比右圖的大且寬度粗，這代表左圖的咖啡生豆的木質纖維部分較多，相對的含水的空間就會較少。

右圖的木質纖維空間較少、堆疊比例較高，含水的空間也相對的較多，因此相較之下，右圖的咖啡豆含水量就高於左圖的。以另一種觀點來看，因為木質纖維傳導熱力的能力比水快（好），左圖的木質纖維密度較低（木質纖維少、含水量高），所以傳導熱力的速度就會比右圖咖啡豆來得慢，因此入豆溫就要設定的低一點，以避免造成熱能還沒傳導到內部，外層的木質纖維就已過度加熱；反之，木質纖維密度高的生豆（右圖），入豆溫就要設定的高一點。這樣的入豆溫判斷原則，是最為基本的方式，如果要再更精細設定入豆溫的話，就要把生豆體積的大小一併列入考慮才行；在本書後面的內容中，會將參考值列出來。

適當的BRR溫度，有助於提升整顆生豆的含水量利用率，烘焙後的含水利用率越高，可以被萃取出來的優良物質也會越多。那麼，該如何適當地設定身為烘豆關鍵——BRR（入豆溫）呢？在介紹完烘豆機的基本架構後，將會再詳細地加以解說。

烘豆機的基本架構

烘豆機的架構，基本上是以烘豆過程中的溫度爬升率為主要考量來設計的。

基於烘焙曲線的構成，良好的保溫功能和穩定的加熱源，都是烘豆機所需具備的要素。加熱源可以分為瓦斯與電熱兩種，如果以能迅速且集中的熱能為依據，那麼就不難理解為何大多數的烘豆機設計，都是以瓦斯為基本加熱源了。

除了直接提供熱能的加熱源之外，間接對生豆產生加熱作用的，就是鍋爐的部分。鍋爐的厚薄程度需要和火源的強度成正比，如果只是單純的把鍋壁加厚，而火源（瓦斯量）無法以線性增強的話，不但暖鍋的時間會拉長，蓄熱效果也會因而大打折扣，因此鍋爐的厚度不是考量重點。

目前以瓦斯為加熱源的烘豆機，可分為直火式與半直火式兩種，兩者的主要差異在於火焰是否直接接觸到生豆，直火烘豆機的鍋爐上，會設置有排列均勻的小孔洞，讓火源可以直接透過孔洞接觸到生豆，進行加熱的動作。

另外還有一種名為熱風烘豆機的機器，它是藉由熱風來進行加熱的動作，其主要概念就是將烘豆空間密封，讓加熱後的空氣藉由單一導向的風流來烘焙生豆。以形式來說，風流可以增加咖啡生豆受熱的均勻度，不過就傳導性而言卻是不佳的。

綜合整體的優缺點後，比較建議選用兼具上述兩種機器優點的半直火烘豆機（也稱為半熱風），來進行咖啡豆烘焙；對剛入門的烘焙初學者來說，也比較容易操作。

BRR 入豆溫的判斷點 — 梅納反應與焦糖化

生豆裡所含的物質包括有蔗糖、水分、蛋白質、氨基酸、綠原酸與脂質等，這些物質是左右咖啡特殊風味與口感的主要來源。每一種成分都是獨立的存在，在因溫度的改變所產生的相互影響下，就會間接產生咖啡的特殊風味。

而蔗糖、水分、蛋白質、氨基酸、綠原酸與脂質的相互作用過程，可大致分為梅納反應和焦糖化兩種。

梅納反應與焦糖化

許多食材在經過熱的處理之後，都會產生你意想不到的風味，舉洋蔥的例子來說。

洋蔥在剛切開時，其刺激性的揮發物質，常常讓人淚流滿面，不過一旦經過溫度的催化，刺激性物質就會轉化成溫和又帶點焦糖風味，這就是梅納反應的效果。

梅納反應在咖啡烘焙所扮演的角色，就是風味與口感的催化，就如同在炒洋蔥時是一樣的過程。咖啡生豆裡主要的物質是水、蔗糖、蛋白質和氨基酸，而梅納反應所需要的就是蔗糖和氨基酸，而這時生豆裡所含有的水分，就是讓蔗糖和氨基酸結合的主要媒介。

同時脂質和綠原酸也會一起發生作用，藉由梅納反應而產生出更為複雜的風味，甚至是特殊的香氣，因此我們也要瞭解一下綠原酸的特性。綠原酸主要是酸與香氣成分的來源，在咖啡烘焙裡並非產生苦味就是不好的，不過我們所需要的苦味，是像巧克力一般的擁有甘甜尾韻的苦味，入口之初雖然苦，但是吞下後就會產生核果甘甜。反之，要是帶苦澀與酸苦的苦味，就是不好的苦味。而好與壞的差別，就在於咖啡酸與奎寧酸是否會同時並存，。

而第一個會影響的條件就是入豆溫（BRR），水分的沸點是從 100℃，同時水分也會開始蒸發，換句話說，如果入豆溫越高，生豆裡的水分就會越快達到沸點，而綠原酸在水裡的時間也會相對的縮短。反之，如果入豆溫過低，生豆內的水分達到沸點的時間就會拉長，而讓綠原酸分解出多餘的咖啡酸而增加苦澀味的機會。

由此可見BRR入豆溫絕對要在 100℃以上，而且如果再把生豆本身的溫度考慮進去的話，BRR 的最低入豆溫就不能低於 150℃。如果以實際烘焙的經驗來看，只要是烘焙豆量在 1kg，入豆溫都不應該低於 195℃。

總結以上所述，我們可以得知BRR入豆溫絕對要在100℃以上，如果再考量到生豆放入烘豆機時，鍋爐內會下降的溫度，BRR的最低入豆溫設定，最好不要低於150℃。以筆者實際烘焙經驗來看，只要是1kg的咖啡生豆，入豆溫都不可低於195℃。

前文中有稍微介紹烘焙曲線的構成，當我們再將BRR基本設定置入後，就不難發現所謂的「△T回溫點」，而我們也可以藉此看出BRR溫度的設定是否過低。當生豆放入鍋爐後，會因為生豆表面的水分吸收熱能蒸發，而使得鍋爐內的溫度下降，降溫的幅度大就代表BRR起始溫度，不足以讓生豆表面的水分瞬間蒸發，才導致△T回溫點過低。

因此，△T的主要功能就是在顯示入豆溫是否夠高，如果過低的話，就要即時增加火力，以確保生豆表面水分不會停滯過久。

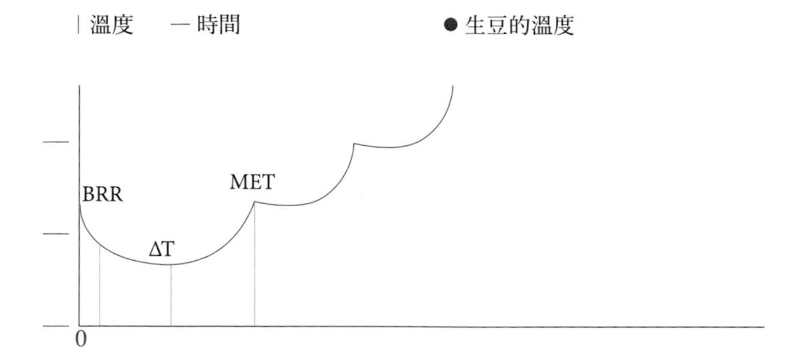

從△ T 回溫點開始，生豆內部會因為溫度開始爬升，促使內含的水分將蔗糖、氨基酸、蛋白質、綠原酸和脂質等相互產生交融作用；溫度越高，相互交融出的可溶性物質不但會越多，香氣與口感也會更有層次。

不過我們要特別留意一點，當水分一直增加，綠原酸分解出苦味（奎寧酸）的機率也會隨之提高，因此這時就要想辦法讓水分迅速蒸發，也就是讓 MET 功能發揮的時刻。

MET 就是所謂的加火點，在這個時間點增加火力的用意，除了讓溫度可以持續上升之外，另一個用意是為了讓生豆的酸甜味延伸，也就是讓口感可以持續變豐厚。

從 BRR（入豆溫）到 MET（加火點）這段時間的烘焙，主要是在促進生豆的水分、油脂與蔗糖的交融，MET 溫度越高，這些物質的融合度就會越高，咖啡豆所呈現的口感也會越紮實。而這個時間點，也是梅納反應開始趨於發揮完整效果的起始點。

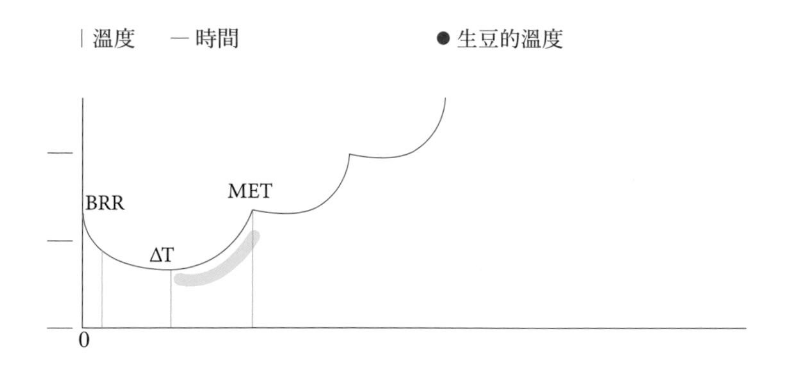

以甜味為主軸

如何判斷入豆溫

一爆的意義

二爆與深度烘焙

“

當我們想烘焙出以甜味為主軸的咖啡時，
就必須以強化口感為主。

”

咖啡的甜味並非像砂糖或蜂蜜那樣，可以一入口就直接感受到，它的甜味主要是由酸味與口感衍生出來的，而相較之下，口感所衍生出來的甜味會比酸味所衍生的來得多。因此當我們想烘焙出以甜味為主軸的咖啡時，就必須以強化口感為主。

BRR（入豆溫）會決定咖啡豆烘焙後的含水量多寡，生豆在烘焙過程中，原有的含水量會因吸收熱能、沸騰進而散失，水分散失越多酸味就會越弱，因此口感和甜味也會明顯、豐厚。這裡所提到的生豆水分，都是指生豆整體的水分。而烘焙後的水分流失量，其實在一開始的進豆階段就已經決定了，如果 BRR 溫度偏低的話，整體的水分流失就會變多，讓酸味變得不明顯；相反的，要是 BRR 溫度偏高，就會因為整體含水量偏多，而突顯出酸味。

如何判斷入豆溫

一般來說，基本的 BRR 入豆溫建議溫度會在 196℃～ 198℃，如果想要再有系統一點的判斷模式可以參考以下內容。

咖啡豆外型大小

一般生豆的大小都在 18 目～ 20 目左右，目數的數值越大，顆粒體積就會越大。當顆粒體積越大，表面積就會越大，受熱的時間也會加長，因此 BRR 入豆溫就要跟著下降。以下是以表格來表示目數和入豆溫的調整對應：

18 目	19 目	20 目
198℃	197℃	196℃

生豆的處理方式

接下來要介紹生豆的處理方式，一般常見的處理方式有水洗、日曬與蜜處理等三種，這三種處理方式除了從字面上看出其手法的差異外，其實在經過處理後的生豆含水量也都不相同，含水量由高到低分別為蜜處理、日曬、水洗。以下是以表格來表示處理法和入豆溫的調整對應：

蜜處理	日曬	水洗
198℃	197℃	196℃

以上是 BRR 入豆溫的設定要領，只要加以掌握，在烘焙上就不會出錯。不過，蘇門答臘產區的咖啡生豆，則需要特別留意，因為這個產區的生豆雖然外觀比較大顆，但因為含水量的集中度較差，所以不適合高溫的 BRR，它的入豆溫有別於一般生豆，要設定在 192℃～ 195℃之間。

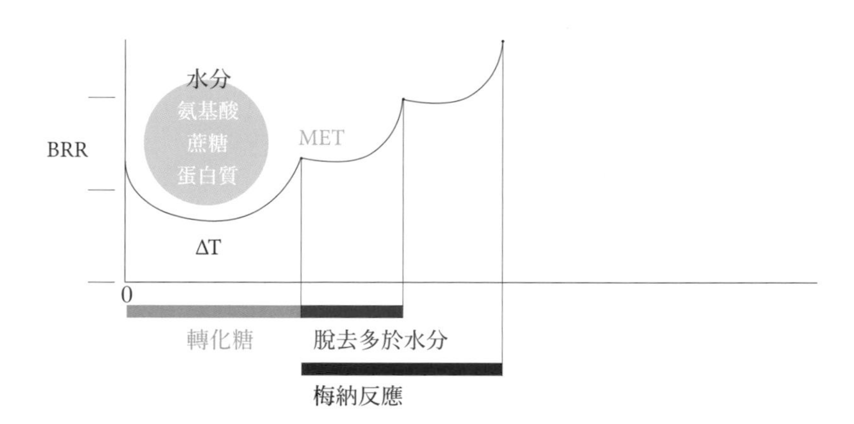

一爆的意義

一爆與含水量的利用比例
一爆的聲音
一爆的溫度

一爆

MET 的目的是為了加速脫去水分，以避免產生加水分解的情況發生。因此加火點之後所要做的事，雖說是要脫去多餘的水分，實際上則是在進行焦糖化的作用。焦糖化是單純的轉化糖脫水反應，當蔗糖因水加熱成液態時，水分就會快速流失，當含糖比例超過 80％時，溫度會急速上升，當糖漿溫度一直升到 130℃時，糖漿會因為脫水完成、產生碎裂而發出聲響，這就是所謂的「一爆」。而當糖漿持續升溫到 150℃時，蔗糖會開始崩裂，而此時的聲響會更加明顯且密集。

這樣的爆裂聲響會持續到 155℃左右，當聲響停止時，就代表內部的糖塊已經崩解結束。這個時候就可以選擇要不要下豆（Drop），此時下豆的話，焙度就會是淺焙或中淺焙（依下豆溫而定）。

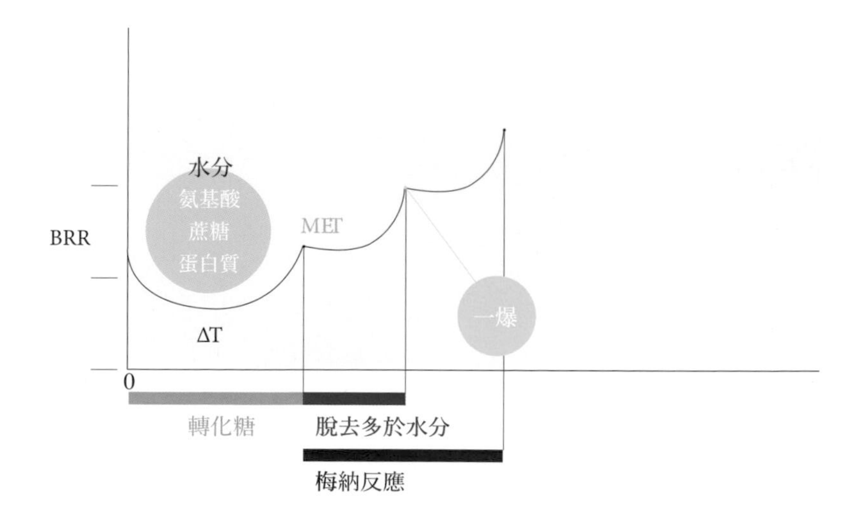

二爆與深度烘焙

二爆的聲音
二爆的火力調配

二爆與深度烘焙

在焦糖化過程中保留適當的水分，可以提引出蔗糖糖漿裡的特殊香氣，不過如果持續到讓焦糖化完整的話，當水分脫盡時苦味的來源——奎寧酸就會被帶出來。

在深焙過程中會有苦澀味，是因為奎寧酸與咖啡酸一起被釋出，如果只有奎寧酸被釋出，就會烘焙出好的苦味，也就是所謂如巧克力核果般的尾韻與甜味。

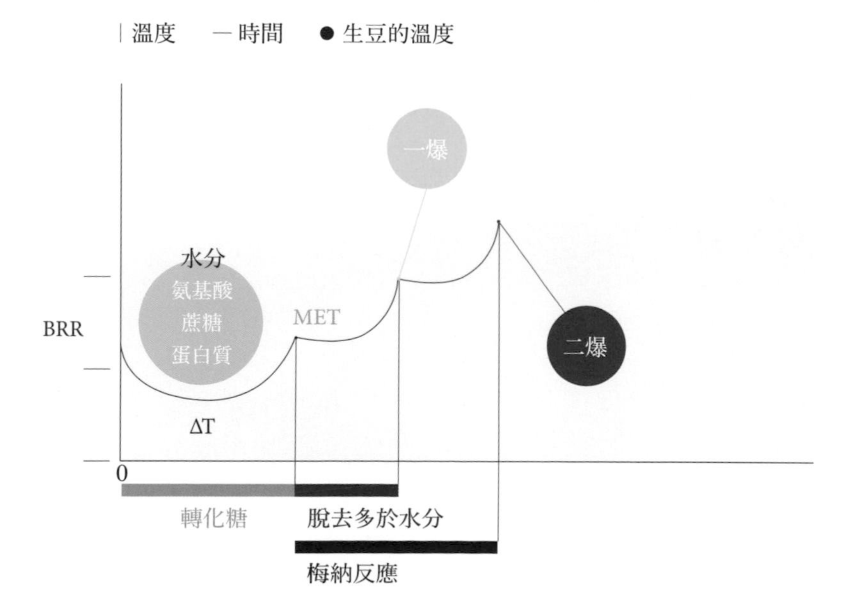

加火的必要性與一火到底的差異性——回溫點與 MET

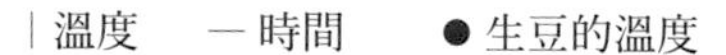

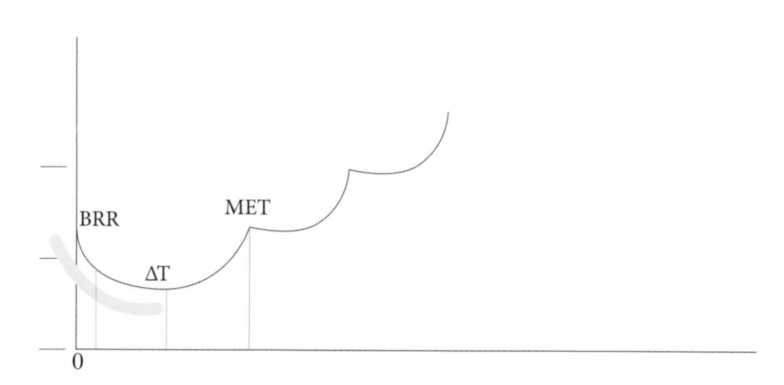

設定好 BRR 之後，接下來的問題就是溫度何時需要調整。火力的設定是為了讓咖啡生豆能完整的吸熱，所以最終目的就是，要讓設定火力不會出現下降或遲緩的狀態。當生豆放入鍋爐之後，會一直持續吸取鍋爐所提供的溫度，所以在入豆（BRR）之後，如果沒有增加火力的話，鍋爐內的溫度就會開始呈現遲緩，甚至下降的狀態。如果溫度上升遲緩狀態持續過久，鍋爐的溫度就會開始累積在生豆表面而使之碳化，進而讓生豆產生苦味和煙味。

由此可知，如果烘焙時一火到底的話，咖啡豆就可能會有變得苦澀的風險，因此適時地增加火力是必要的。那麼，要在什麼時候增加火力呢？在此之前，就讓我們先來瞭解火力與溫度的特性吧！

溫度雖然是隨著火力增加而上升，但並不是火力一增加，溫度就瞬間上升的，而是以累進的狀態進行，所以當溫度遲緩了才進行加火動作的話，一定會來不及讓溫度適時地上升，而第一個加火時間點會落在回溫點。

生豆放入鍋爐後會持續降溫，這是因為生豆在進行吸熱的反應，等溫度停止下降時，代表生豆表面溫度已達到飽和，生豆內部會開始吸收鍋爐的溫度，這時可依照降溫的幅度來調整現有的火力。

烘焙中的酸甜比例與轉化糖的概念

在咖啡烘焙裡，淺焙的優勢是會帶出較多的特殊風味和香氣，這些可以被辨別的特殊風味與香氣，已確定多達 36 種，其中包含有熱帶水果類和各種花香。而這些香氣要如何完全被釋放出來呢？關鍵就在於 BRR 與 MET 這段時間的烘焙，也就是所謂的轉化糖階段。

何謂轉化糖？舉個簡單的例子讓大家能更容易理解，白砂糖和黑糖都是屬於轉化糖，不過外型卻大不相同，白砂糖是顆粒狀親水性較差，黑糖是粉狀親水性較好，黑糖的風味也比白砂糖豐富許多。

咖啡生豆的烘焙主要在讓生豆中的水分和蔗糖、氨基酸、綠原酸及脂質（酸性脂肪）等充分融合，避免產生結晶化（類似白砂糖），所以設法在加火點（MET）之前，讓咖啡豆水分中所含的有機酸（氨基酸、綠原酸）達到最高，讓融合的時間夠久，以求製作出像黑糖那樣風味豐富的咖啡豆。而咖啡生豆含水量偏高，BRR（入豆溫）就要偏高；融合時間要夠久，MET 溫度就要偏高。

然而，MET 並不是一味地拉高就好，因為一旦過高，也會提高奎寧酸（苦味）和咖啡酸（酸澀）釋出的機率，所以這個時候要觀察生豆表面的顏色變化。咖啡生豆本身所含的蔗糖，會因為烘焙溫度的上升到接近糖漿沸點時，而產生顏色變化。糖漿的沸點是在 110℃，此時並不會產生焦色，反而是有白化現象，也就是說當生豆顏色由原本的顏色轉而變淺時，就是蔗糖已開始沸騰轉變成糖漿，此時要記住烘豆機的豆溫顯示，因為接下來上升的 5℃，會是咖啡豆酸甜平衡的最大關鍵。

當糖漿開始沸騰時，生豆表面溫度每上升 1℃，內部糖漿就會上升約 1.5 ～ 2℃，當內部上升超過 10℃時，就會開始產生結晶化，使得生豆表面因焦糖化變黃，要是此時再加火（MET），就會衍生出劣質的苦味，因此要多加留意。

Part 3. 咖啡小百科

- 關於生豆
- 關於保存
- 關於器具
- 關於沖煮
- 關於水質
- 所謂的濃度與萃取率

關於生豆

咖啡生豆

咖啡（coffee）是採用經過烘焙過程的咖啡豆（咖啡屬植物的種子）所製作沖煮出來的飲料，它是現今除了茶之外，受到人們廣泛喜愛的飲料之一，也是重要的經濟作物，是全球期貨貿易額度第二高（最高是石油）。

咖啡樹原產於非洲亞熱帶地區，以及亞洲南部的一些島嶼，咖啡樹由非洲出口移種到世界各國，現今已種植遍布超過70個國家，主要是在美洲、東南亞和印度等國家的赤道地區。

市面上普遍被飲用的咖啡大致分為「備受推崇的小果咖啡（阿拉比卡種）」與「顆粒較粗、酸味較低、苦味較濃的中果咖啡（羅布斯塔種）」等兩種。咖啡果實成熟後，會經過採摘、加工、烘焙等程序，然後再經由沖煮做成濃縮咖啡、卡布其諾、拿鐵咖啡……等冷熱飲，供人們品嘗飲用。咖啡是屬於微酸性食物，其中蘊含的咖啡因對人體會有產生刺激，所以要視個人體質酌量飲用。

咖啡在早期是屬於經濟作物，都是以大量生產的方式被種植，因此多以國家名稱被命名，如：哥倫比亞、巴西、瓜地馬拉……等。不過近年來逐漸轉型為精緻農業，多以標榜地區性和特色來作為吸引注意的要因，所以其名稱也有了標示出產區（區域）的趨勢，例如「瓜地馬拉的花神」這樣的名稱，也因為這樣的趨勢，使得許多自家烘焙的咖啡豆，甚至會精細到標示出咖啡豆處理廠的名稱。

消費者所購買到的咖啡豆，都是經由去除果肉、清洗、發酵、曬乾、去殼等多道手續處理後，然後再加以烘焙而成的。處理過程中所採取的水洗或日曬法，主要是因應該生產地區的水資源是否充足，而做出的因應處理法。近年來風行的蜜處理，則是以控制發酵過程時間的長短，或以果肉來增加風味的方式，來讓咖啡生豆在烘焙過程中，可以激發出更多特殊的風味。

關於保存

為什麼咖啡店包裝咖啡豆的袋子上都有個排氣孔？功用為何？可以擠壓袋子來聞香氣嗎？

A 咖啡生豆在烘焙過程中，內部所蘊含的水分會漸漸因烘焙機鍋爐溫度而散失，而這些原本含水的空間，也會因為脫去水分而產生壓縮的狀態。

咖啡豆一旦離開烘豆機，內部脫水壓縮的空間，就會因為溫差與大氣中水分而漸漸恢復，為了避免剛烘焙好的咖啡豆，過度吸收大氣中的水分，通常都會裝進有排氣孔的包裝袋來保存。而豆子在袋中會持續排氣，在一段時間之後就會充斥在整個包裝袋中，此時如果沒有釋出氣體的管道，持續膨脹的話，氣體就會形成壓力，而使得咖啡熟豆無法繼續排氣。一旦處於這樣的狀態過久，咖啡豆內部纖維空間，就會被壓縮到無法恢復原有大小，進而使得沖煮過程中吸水飽和的效應變差，萃取出口感不夠豐厚的咖啡液。

如果保存咖啡豆的包裝袋，有一個排氣管道能讓多餘氣體排出的話，就可以避免上述的問題。而這個排氣通道只能單向對外部排出氣體，而不能雙向透氣導致空氣中的濕氣進入包裝袋裡。有時我們會看到袋子因排氣而鼓漲起來，這時千萬不要擠壓它，這是因為一經外力擠壓來釋出的氣體，就會造成袋內壓力快速變弱，導致袋子內、外壓力失衡，讓咖啡豆內部纖維空間，也會因壓力的壓縮變小，而影響沖煮萃取時的品質。

Q 深焙咖啡豆和淺焙咖啡豆的最佳賞味期是一樣的嗎？豆子剛烘焙好就拿來沖較好，還是養豆 3 ～ 7 天後沖煮出來的風味較佳？

A 當內部纖維空間停止變動的時候，就是咖啡豆最佳的萃取時間點。排氣旺盛的咖啡豆，因為內部纖維還在恢復到原有的狀態中，所以一旦接觸熱水時，內部空間就會快速膨脹而產生出大量的氣體，這是新鮮咖啡豆才會有的現象，不過旺盛的排氣，卻會阻礙咖啡顆粒吸水飽和度。一般來說烘焙好 3 天之後，咖啡顆粒排氣過度旺盛的狀況就會減緩；5 天之後顆粒吸水飽和度，就會漸漸趨於穩定；7 天之後，顆粒內部空間不再變動，吸水的飽和程度會優於以往，可溶性物質也會大為增加、口感豐厚度倍增。

上述的置放天數是以深焙的咖啡豆為主，淺焙的咖啡豆因為脫水率低，內部空間所需恢復的時間短，一般烘焙好 4 天後，內部空間就已經恢復的差不多。因此能沖煮出最佳風味的時間，原則上都會比深焙的咖啡豆早 3 天左右。

1026

> **“**
> **要是放在冰箱裡，反而會吸附其他食物的味道，變成超級除臭劑！完全無法達到好好保存咖啡豆的目的。**
> **”**

Q 咖啡豆不可以先一次研磨好再保存嗎？最佳的咖啡豆保存方式是？咖啡豆可以放在冰箱裡保存嗎？

A 因為咖啡豆研磨好之後，會增加與空氣接觸的面積，使得受潮的機會大增，進而讓咖啡顆粒的香氣、風味下降，而且保存的期限也會因顆粒受潮機率提升，而大幅的縮短。因此如果想要品嘗到風味最佳的咖啡，最好還是勤勞的在沖煮咖啡前，再將咖啡豆加以研磨。

咖啡豆的保存溫度以室溫為佳，而最佳的保存容器是不透光、可隔絕空氣的容器。隔絕空氣的目的已在上文提到，而減少與光線接觸，主要是為了避免咖啡豆因紫外線照射產生質變而影響風味，因此除了陽光之外，也要避免咖啡豆照射到會產生紫外線的燈具。如果選購不到不透光、可隔絕空氣的容器，直接使用咖啡店販售咖啡豆時，用來包裝咖啡豆的專用袋，也是不錯的選擇。

咖啡豆不論有沒有研磨過，都不可以放在冰箱裡保存，這是因為冰箱裡的濃厚濕氣，會加速咖啡豆的受潮狀況。此外，咖啡豆內部的纖維因具有吸附味道的作用，要是放在冰箱裡，反而會吸附其他食物的味道，變成超級除臭劑，完全無法達到好好保存咖啡豆的目的。

Q 為什麼有些咖啡豆會表面會出油？出油了還能繼續使用嗎？

A 當咖啡豆在進入深焙時，會因為脫水率高而產生出油的現象，所以深焙的豆子在存放 1 ～ 2 天時，就會開始在表面產生出油的狀態，這是正常的現象。

不過，當這樣的狀態出現在淺焙或中淺的咖啡豆時，則是代表咖啡豆在烘焙過程中，因受熱不均勻而產生部分面積脫水過度，這時的出油現象都會以點狀出油為主，而非像深焙咖啡一樣是整體表面出油。一旦中淺或淺焙咖啡有此現象，就不建議繼續使用。

關於器具

Q 手沖壺材質的迷思

A 在沖煮的過程中，會影響到咖啡成分萃取速度的水溫，因此要是水溫能保持穩定的話，就能具有相對的沖煮優勢。因為在沖煮咖啡時，當水流出壺嘴的瞬間，水溫就已經開始下降，所以即使手沖壺的材質保溫性再好，其所產生的影響並不大，主要會影響到咖啡沖煮品質的，其實是熱水停滯最久的濾杯，因此真正要講究保溫性的是濾杯而非手沖壺，所以手沖壺的材質即使是保溫性沒那麼好的不銹鋼款式也是 OK 的。

Q 當拿到未曾使用過新款濾杯時，要如何測試才能找到最正確的沖煮手法？

A 當我們取得新款濾杯時，首先要了解其基本構造是扇形濾杯或圓錐濾杯。如果是扇形濾杯，因為其水流下降會偏快，所以沖煮手法要以沖刷為概念。如果是扇形濾杯的話，就要以浸泡為基本概念。

接下來就是要了解濾杯的空氣流動構造。針對前文中介紹過兩個特殊的錐形濾杯Hario與KONO，我們已經知道該用何種手法來因應。但要是我們取得的新款錐形濾杯，其內部構造都無法用Hario或KONO的沖煮手法來對應，那就從肋骨的排列和形狀來探索正確手法吧！

如果圓錐濾杯內部的肋骨是直線設計，而且是從底部一直延伸到最上端。表示水流的路徑比較短，也會讓水流下降的時間加快，因此在給水的時候都不可以超過粉層的高度。

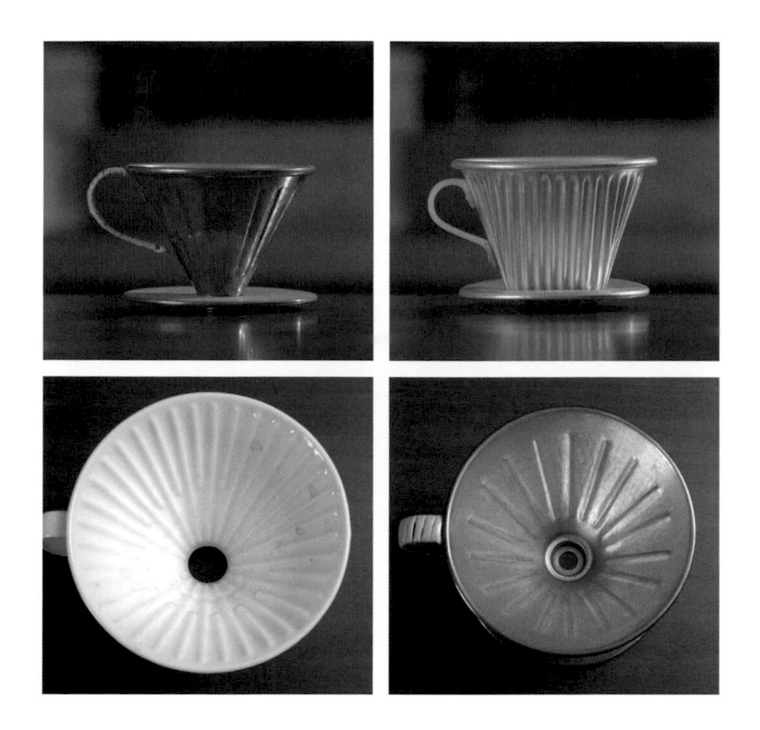

再者水流速度在偏快的情況下，咖啡顆粒和水結合的時間就會變短，所以咖啡液的萃取量，建議不要超過咖啡粉分量的12倍，舉例來說，就是10g咖啡粉不可萃取出多於120g的咖啡液。

還有一點要注意的，就是咖啡顆粒粗細的選擇，如果是選用的是淺焙的咖啡豆，研磨的顆粒要偏粗，深焙就要偏細。（偏粗或偏細的定義，可參考前作《手沖咖啡大全》）。

有一款設計較為特殊的濾杯，外觀形狀介於扇型濾杯與錐形濾杯之間（下圖），但是內部卻無肋骨的設計，其所使用的濾紙也和一般圓錐與扇形濾杯的款式有很大的差異。

這款沒有肋骨設計的濾杯，是將濾紙的波浪狀凹凸作為肋骨來運用，它就算沾水之後也不會貼在濾杯壁上，也就是說它也是沖刷型的濾杯。

濾杯是不是越大越好？（可沖的量比較多）

A 濾杯的使用是以 2 人份為最佳，如果是要萃取多人份，也是建議以幾個 2 人份的濾杯，一次同時萃取所需要的杯數。

以 4 人份濾杯為例，咖啡粉的最少基本量不可少於 30g，如果低於這個粉量就會造成排氣量大，讓熱水只沖刷咖啡顆粒表面，造成萃取不完全。而當咖啡粉具備基本量，增加咖啡顆粒的吃水時間後，也同時會增加纖維吃水的時間，而造成容易溶出雜味、澀味的情況。因此，在個人沖煮或營業沖煮上，為了確保完美萃取的機率，都還是建議使用 2 人份濾杯會最好。

Q

好的手沖壺應該具備的功能

A多數的初學者都會認為，擁有一個能產生細小、穩定水柱的手沖壺，才能煮好一杯咖啡，然而手沖咖啡時，隨著咖啡顆粒吸水飽和程度變高，穩定的小水柱反而會是一個致命傷。

因為咖啡顆粒隨著給水的次數增加，重量會越來越重，隨之而來的就是顆粒在水裡下降的速度也會變快，所以如果在水流不阻塞的情況下，咖啡顆粒還不至於會靜止在水裡，但是一旦阻塞了，手沖壺所產生的水柱就是沖開阻塞的關鍵。

因此一個優質手沖壺的基本條件，是水柱要可大可小又能穩定流出。尤其是在壺身移動過程中，不可以有水柱斷斷續續的情況產生。

設計良好的專用手沖壺，一般都會讓底部偏寬，這樣的設計主要是為了讓流出的水量穩定，並且還能增加水壓，避免壺身在移動時產生給水間斷的情況。壺嘴的管徑則要稍微粗一點而非細小，而且壺嘴如果過長的話，還會大大降低水柱的穿透力，在咖啡顆粒變重、沉到底部時，無法藉由水流被沖起，進而讓顆粒沉積底部釋出苦澀味。

因此當您在選購手沖壺時，要是找到能讓水柱可大可小穩定流出的產品，就絕對不要錯過！

市面上有很多不同的濾紙，該如何選擇呢？

A 市售濾紙分為已漂白和非漂白兩種類型，從顏色外觀來看，未漂白的濾紙呈褐色，已漂白的濾紙呈白色作為區別。其實選用哪一種濾紙來沖煮都OK，差異性並沒有想像中的大，唯一需要注意的是濾紙有粗面與細面之分，正規沖煮用的濾紙都是細面在內側。

手搖磨豆機

片狀咖啡顆粒

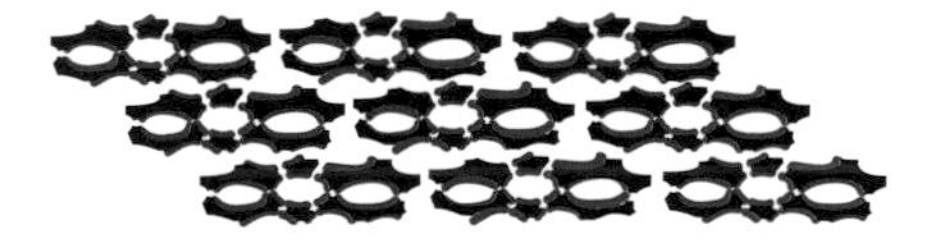

A 前作《手沖咖啡大全》有提到磨豆機的選擇，其中最不建議的就是手搖磨豆機。

手搖磨豆機的動力來源是用手的力氣帶動輪軸來轉動刀盤，最早期的手搖磨豆機是使用平刀，但它的平刀因為無法完全以水平角度研磨，刀盤很容易隨著磨豆子的手勁而歪斜，所以磨出來的顆粒會和砍豆機一樣，產生大小不均的狀況。雖然現在大多都已改良使用錐刀，讓水平角度差距的問題獲得改善，但是研磨出來的顆粒，還是會因轉動的手勁無法一致，而讓咖啡顆粒狀態只比砍豆機好一點而已。

因此如果一定要使用手搖磨豆機的話，要盡量讓磨豆機一直保持垂直狀態，然後手搖轉動的速度要一致，忽快忽慢的速度，也會造成顆粒大小不均。

手搖磨豆機在改用錐刀之後，只是提升研磨顆粒的均勻度，一般來說還是很難讓咖啡顆粒達到顆粒狀，其顆粒大多還是以片狀為主，然後參雜著顆粒狀。這樣的狀態會造成咖啡顆粒吃水不均，讓我們在沖煮咖啡時，誤以為水流下降過快，而加快了每次加水的時間與水量。

上圖分別是錐刀與平刀所研磨出來的咖啡顆粒排列方式，當然實際狀況不會如圖示這麼一致，不過我們能藉此了解磨豆機的研磨均勻度之重要性，大小均勻的咖啡顆粒，可以讓顆粒的間距維持一致，使得顆粒的排氣與互相推擠，不會因為顆粒的大小差異而不一致。而且水流也不會因為流經的路徑大小不同，使得咖啡顆粒吃水時間落差加大。

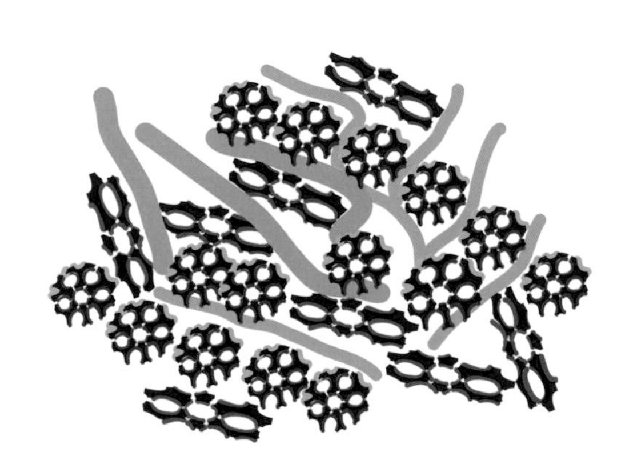

上圖所呈現的是顆粒不均勻的堆疊狀態，其中參雜有顆粒狀和片狀的顆粒，我們可以發現在給水的過程中，流經片狀顆粒的紅色水路路徑會較粗，流經顆粒狀的藍色水路會較細，因顆粒大小不均而造成吃水時間、飽和度等不一致的狀況，而這些都是讓咖啡萃取容易失敗，進而產生雜味、澀味的原因。

在初期給水的階段，水量滿到表面的時間不會停留太久，而是越到後面水會很容易從表面溢出。這主要是因為顆粒開始吸水排氣推擠，使得藍色路徑變大而擠壓到紅色路徑。當紅色路徑被壓迫變小時，很多人都會選擇加大水柱將其沖開，而造成給水過量的情形，讓水位提前上升。

當紅色路徑水量開始偏多、水位上升過快，片狀顆粒就會一直處於泡水的狀態，只萃取到顆粒表面的成分，這也就是手搖磨豆機磨出的顆粒，所萃取的味道容易偏酸偏淡的原因，尤其在使用新鮮的咖啡豆時會更為明顯。

就算讓咖啡顆粒置於熱水中一段時間，會讓排氣較為完整，但這也只是讓顆粒吃水增加，仍避免不了泡水的情況產生，即使酸澀味下降了但整體的風味還是不足。

Q 濾杯的材質會影響沖煮的功能嗎？何種材質的濾杯比較好呢？

A 手沖咖啡的萃取過程，都是在濾杯裡進行，因此其保溫性是影響沖煮咖啡品質的一大關鍵。當我們在選擇濾杯材質時，要以保溫性加為挑選原則。濾杯的材質以銅製品為最佳，陶製品居次，然後是玻璃材質。

就保溫性來說，銅製品是因為導熱係數較高，所以只要一加入熱水，整個濾杯的溫度就會很一致，這麼一來溫度下降的速度就會減緩。不過，要達到保溫的目的，並非只有一種方式，要是能夠空氣隔絕，水溫下降的速度也會變慢，而能達到此效果的就是樹脂所製作的濾杯。

關於沖煮

Q 所謂的悶蒸有其必要性的嗎？悶蒸時間長對咖啡萃取有任何影響嗎？

A 首先，在此要澄清一個觀念，一般所謂的「悶蒸」，是指發生在第一次給水時，咖啡顆粒吸水後開始排氣，排氣過程中顆粒之間因相互推擠，而產生表面膨脹的現象，並且在表面產生「蒸」汽，因此正確來說不是「悶蒸」，而是只有「蒸」的作用產生。

第一次給水過程中所產生的蒸汽量，會因沖煮的給水量而有差異，給水量越多「蒸」的效果就會越久。而當時間拉長、蒸汽消失後，伴隨而來的就是咖啡顆粒會從互相排擠推開的狀態再度密合，而產生了「悶」的不良現象。為什麼會說這是不良現象呢？主要是因為一旦咖啡顆粒悶住了，就會讓再次給水時的水量，無法通往粉層內部，多數只會停留在表面，讓表面咖啡顆粒泡在熱水裡。

因此沖煮咖啡時，應該要避免「悶」的狀態產生，當蒸汽消失前就要緊接著做給水的動作，才不會因整體的咖啡顆粒悶住，而只讓表面顆粒重複的吃水。

沖煮咖啡時，「蒸」是每次給水時會產生的正常現象，但一旦蒸的時間過長，就會造成「悶」的非正常現象，因此各位要多加練習精準的掌握住給水量和時間，來「蒸」出一杯好咖啡。

Q 使用不同研磨刻度磨出的咖啡粉來沖煮（例如濾杯裡上層是刻度 3，下層是刻度 4），是否會造成萃取不均？

A 基本上，要均勻萃取咖啡液的話，就一定要讓咖啡顆粒粗細均勻一致，如果顆粒粗細差異太大，會造成粗的咖啡顆粒吸水不足，細咖啡顆粒萃取過度的狀況。

如果是在咖啡顆粒粗細不均的前提下來進行萃取，一定無法沖煮出完美的咖啡，而且這跟粗細層數如何配置完全無關，最主要的失敗原因就是顆粒粗細不均所造成的。

沖煮的水溫到底是多少？

咖啡沖煮品質的優劣，主要是由水和咖啡顆粒的結合程度來決定，其他的條件都可稱為加速因子，而水溫就是加速因子之一。

咖啡沖煮得好不好，關鍵在於咖啡顆粒的吸水飽和度，也就是說咖啡顆粒可以吸多少水，存在於咖啡纖維內部的可溶性物質，就可以被萃取出多少。因此手沖咖啡最重要的沖煮概念，就是在如何利用手沖壺給水過程，讓顆粒不斷吸水到飽和，進而萃取出咖啡的精華。

以溫度來說，水溫越

高，水的流動性就會越好，加溫過程中之所以會冒出氣泡，是因分子相互震盪所造成的，而這也讓水產生了流動性。如果只單純就水溫來說，當然是越高溫越好，因為水的流動性會最佳，而讓咖啡顆粒吸水飽和，但因為溫度太高的話，咖啡內部纖維因吸水太快速，而導致釋放出雜味和澀味，所以水溫不是越高就代表越好。

如果將這兩個條件綜合起來考慮的話，水溫在 88 ～ 96℃之間，都不會影響咖啡顆粒吸水的狀態，而最低的 88℃也已經將沖煮過程可能產生的降溫因素列入考慮，經過筆者多次反覆實驗之後，只要水溫介於這個區間，都可以沖出一杯好咖啡。

本書中所使用的熱水，都是以一般家庭必備的電熱水瓶的熱水為考量，將沸騰煮開之後的熱水，倒入手沖壺溫度後，水溫大致會降到 92℃左右，等我們要開始手沖咖啡時，水溫大概就已經降到 90 ～ 91℃左右，因此只要是在這樣的情況下沖煮咖啡，水溫就會在適合沖煮的溫度區間，不需太過擔心水溫的問題。

只要沖煮咖啡時的水溫在此範圍內，不論是使用深焙或淺焙的咖啡豆，都不會影響到咖啡萃取。而會造成影響的重點，就是本書中提及的每次給水過程，要記得給水時的水量不可以大於顆粒能吸收的程度，再來就是不可以讓咖啡顆粒靜止在水中。詳細概念和理論實踐都刊載於 P6-47，可再翻到該頁面閱讀、複習。

Q 烘焙程度不同的咖啡豆，需要以不同的沖煮手法來操作嗎？

A 咖啡豆因烘焙程度的差異，使得內部含水量有多有寡，深焙的咖啡脫水率較高，而淺焙的咖啡脫水率較低。

而這樣的差異也會影響咖啡顆粒的吸水飽和程度，淺焙咖啡因為脫水率低、重量重，所以沖煮時很容易沉積在底部，而讓水位下降緩慢。沖煮淺焙咖啡時，要特別注意水位下降的速度，只要水位的下降一緩慢，就要及時給水，避免讓咖啡顆粒有靜止於水中的狀態產生，進而萃取出雜味、澀味。

深焙咖啡因為脫水率高、吸水性佳，所以在沖煮的初期階段，只要一給水，咖啡顆粒就會快速吸水，而使得水位下降速度偏快。此外，因為深焙的咖啡顆粒排氣旺盛，會讓相互推擠所產生的通道維持得比較久，使得熱水暢行無阻的通過，這也是水位下降偏快的原因之一。

沖煮深焙咖啡時，因為水位下降速度快，咖啡豆不易浸泡在水裡，所以給水的頻率會較低；而沖煮淺焙咖啡時，給水的頻率則要較高，以避免因水位下降慢，讓咖啡顆粒浸泡在水中過久。

不過，Hario V60 則是例外，因為其沖刷式的萃取手法，除了要依上述條件的調整外，當使用 Hario V60 來沖煮深焙咖啡豆時，咖啡顆粒要磨細（細度可以參照小富士鬼齒磨豆機 #3）；而沖煮淺焙咖啡豆時，則是要調粗顆粒（顆粒粗細可參照小富士鬼齒磨豆機 #5）。

Q 如何藉由品嘗來判斷手沖咖啡的優劣？

A 我們可以藉由一個最簡單的方式，來判斷喝到的是不是優質的手沖咖啡，那就是讓咖啡的溫度降到室溫之後再來品嘗，如果此時的口感比熱咖啡還要厚實的話，那就表示這是一杯很好的手沖咖啡。當然這杯咖啡也不能出現水感（不夠豐厚）或澀味，因為一杯好咖啡在沖煮過程中，只會將可溶性物質完整且飽和的沖煮出來，而不會有太過（沖煮出雜味、澀味），或是不及（萃取不夠而有水感）的情形發生。

Q 水溫會改變咖啡的香氣和風味嗎？

A 誠如前文所述，水溫在整個手沖過程中，只是一個加速因子，它只是在促進咖啡顆粒中的可溶性物質溶出，使其和水結合成咖啡液，並不是左右咖啡香氣和風味的關鍵，而咖啡可溶性物質釋出分量的多寡，才是造成影響的關鍵。

基本上水溫只要不低於90℃，就不會影響到可溶性的釋出程度，真正影響香氣和風味的沖煮關鍵，是是咖啡顆粒的吸水飽和度。

Q

隨著沖煮時間的流逝，水溫降到適合沖煮咖啡的範圍以下，會影響到沖煮的品質嗎？

A

水溫在沖煮咖啡過程中是一個加速因子，咖啡顆粒如果可以持續吸收水分，水溫差異的影響就不會太大。只要一開始沖煮的水溫在90℃以上，接下來只要留意顆粒的吸水程度，並且讓咖啡顆粒不要靜止在水中，就算水溫略微降低到適溫範圍之下，也不會影響到沖煮。

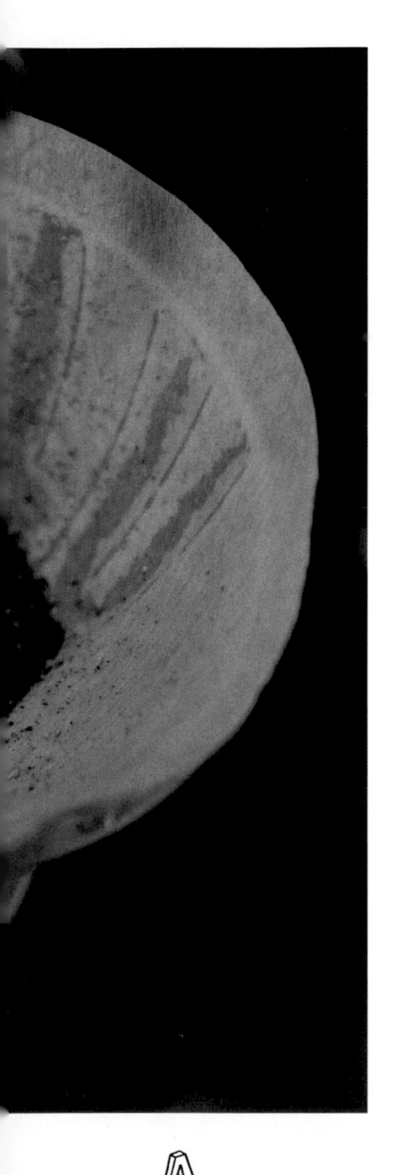

Q 濾紙在沖煮前需要用熱水澆淋一次嗎？

A 在沖煮咖啡之前，絕對不可以先將濾紙淋濕，主要是因為淋濕的濾紙會影響到一開始的空氣流動量，而讓咖啡顆粒浸泡在水裡，一旦浸泡的時間過長，咖啡的澀味和不良的風味就會被釋放出來。一般來說手沖的咖啡會有紙味，大多是因為使用了長時間暴露在空氣中受潮的濾紙所造成的，所以如果要避免沖煮的咖啡產生紙味的話，可以將濾紙存放在密閉的容器裡，等要使用的時候再取出，減少濾紙因接觸到空氣而受潮的機會。

Q

沖煮咖啡時，咖啡粉隆起的越明顯就代表咖啡豆越新鮮嗎？

A

咖啡粉在沖煮過程中會隆起，是因為顆粒吸水排氣時相互推擠所造成的，隆起的狀況如果明顯又持久，就代表咖啡顆粒很新鮮，但是要注意的是，顆粒排氣的持續時間，會和給水的水量有關，水量越多排氣時間也會相對變長，如果要判斷是否給過多水造成，只要在觀察表面膨脹過程中是否會有較大的裂痕，如果有就是給水過多。

Q 為什麼手沖咖啡要繞圈沖煮？為什麼是從中心開始注水而不是旁邊呢？

A 每一種濾杯在舀入咖啡粉之後，咖啡顆粒最多也最深的地方，一定是中心的位置。為了確保連中心位置的咖啡粉都能均勻吃到水，所以要先從中心開始給水。

如果從外側給水的話，會很容易將水給到濾紙上，而使得咖啡顆粒吃水的均衡度下降。此外，從外側開始給水，阻力相對也會變大，在阻力大的狀況下，為了讓咖啡顆粒順利吃水，我們就會不自覺的增加水量，讓水量大於顆粒可以吸收的程度，如此一來，咖啡顆粒就會容易浸泡在水裡而溶出澀味。

Fuji Royal

Q 研磨好的咖啡粉，是否有沖煮黃金期？

A 當咖啡豆研磨之後就會大量接觸空氣，會使得顆粒內部空間恢復較快，同時也較容易萃取。不過一旦接觸空氣太久時，就會受到空氣中的濕氣所影響而受潮。此外，咖啡豆經過研磨之後，咖啡顆粒香氣衰敗的速度，會比整顆未研磨的狀態快上 2 倍以上，所以咖啡豆研磨後最好盡快使用完。

Q 如果只想以一款濾杯來開手沖咖啡店的話，最推薦的品項是？

A 一杯美味的咖啡需要具備香氣與口感，而能同時滿足這兩種條件的濾杯，就是 Melitta SF-1 的扇形濾杯。接近圓錐形的底部設計，讓 Melitta SF-1 濾杯和 Hario V60 一樣，具備沖刷並大量釋放香氣的優勢；它明顯的排氣肋骨設計，在扇形濾杯的架構中，能讓咖啡顆粒有足夠的時間吸水飽和，又不會靜置在水裡而造成苦澀味。因此，Melitta SF-1 扇形濾杯是手沖咖啡店的濾杯首選。

關於水質

沖煮咖啡的水質選擇

咖啡顆粒在藉由磨豆機研磨成一定粗細後，會增加顆粒內部蜂巢狀組織可以吸水的面積，而水質的好壞會直接影響蜂巢組織吸水的能力，以及可溶性物質的萃取完整度。

一般來說，飲用水可分為軟水和硬水。山上雪融之後的水、地下水、山泉水等硬水，因為水中有高含量的礦物質、石灰質（與軟水相較下），所以用來沖煮咖啡時，咖啡液會因而影響到口感。

這些雜質也會影響到咖啡顆粒蜂巢吸水能力，而讓沖煮出來的咖啡口感不夠圓潤。因此如果要讓熱水能順利流進顆粒內部，就要將水中的石灰質與礦物質過濾乾淨。

硬水的特徵

含有鈉和鎂等豐富的礦物質，適合用來補充身體所需的元素，其中的鎂是苦味的來源

軟水的特徵

鎂與鈣等礦物質的含量低，因此苦味較少不影響食材本身的風味，適合用於烹飪與沖煮咖啡

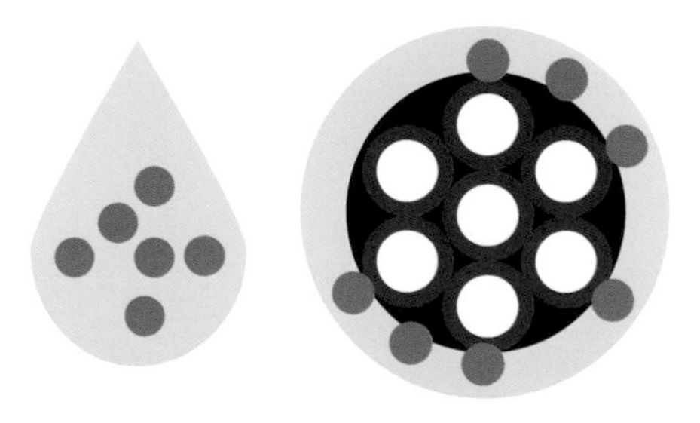

右上圖藍色的部分是代表水，其中的黑點代表所含的礦物質和石灰質。

當水流經咖啡顆粒時，這些礦物質與石灰質，就可能會堵塞在顆粒表面，而讓水無法繼續流入顆粒內部溶出可溶性物質。

而這樣的狀況一旦持續太久，咖啡顆粒會無法吸水、只是浸泡在水裡，而讓木質部釋放出雜味，影響咖啡的風味。所以在萃取咖啡之前，最好將水中的礦物質與石灰質過濾掉，使之成為「軟水」，才有利於咖啡的萃取。

軟水中的礦物質含量少，喝起來較為順口，當然在萃取咖啡過程中，也不會因為石灰質或礦物質，而影響咖啡顆粒的吸水過程。

要如何確保沖煮咖啡時所使用的是軟水呢？除了可以用儀器做檢測之外，最簡單的方式就是先使用濾水器，將使用的水源過濾。

Q

如何用耳掛式咖啡沖煮出一杯好咖啡？

所謂的濃度與萃取率

（沖煮順序為左上至右下）

耳掛式咖啡在內包裝的濾紙上，有一對紙製的掛鉤，讓它可以掛置在馬克杯上方，直接、簡便的進行咖啡的沖煮。而這看似簡單的手沖結構，卻具有咖啡沖煮時必備的元素。在開始示範沖煮之前，先讓來學會判斷如何選購優質的耳掛式咖啡吧！

內側包裹著咖啡粉的包裝，是包含著濾紙加濾杯的功能，而一般來說有分成快速型與慢速型。分辨的方式也很簡單，慢速型的包裝一般都較寬，而快速型則較窄較深。

因為咖啡顆粒是需要吸水飽和的物質，需要在水中靜置一段時間，所以說會建議使用慢速型的耳掛式咖啡。如果是快速型包裝會讓水流加速通過顆粒表面，無法溶出顆粒內部的可溶性物質，最後只是沖出一杯充滿咖啡味的熱水而已。

“

和咖啡美味程度具有最直接關係的，就是濃度與萃取率，濃度指的是入口的酸甜度，而萃取率則是指口感。

”

雖然現在連在便利商店、超市和大賣場，都能買到耳掛式咖啡，但如果和標榜自家烘焙的咖啡店的商品比起來，就新鮮度來說，自家烘焙咖啡店的商品會比較新鮮，香氣與風味也會較為完整。現在還有些自家烘焙的店家，甚至可以將店內販售的單品豆，直接做成耳掛式咖啡。

多數人對於耳掛式咖啡的第一印象就是方便、快速，所以對於沖煮出來的咖啡風味偏薄，也認為是理所當然的，但實際上只要用對技巧，耳掛式咖啡也是能沖煮出職人風味的咖啡。

我們一直都在強調，咖啡萃取的好壞，是取決於咖啡顆粒吸水的飽和程度。或許大多數的人都不知道，耳掛式咖啡所使用的濾紙，其實也是以「幫助咖啡顆粒吸水」為目的來做設計的。只要掌握到給水的手法，透過耳掛式濾紙這項輔助工具，也能讓咖啡顆粒的吸水飽和程度，達到專業手沖咖啡的等級。

TIPS

☞ 選購耳掛式咖啡小技巧

1. 確認是否符合自己的口味，最好選擇單一品種的咖啡豆，品質會較為穩定。
2. 確認製作的日期。如果製作日期已經超過一個禮拜，就不建議購買。

（沖煮順序為左上至右下）

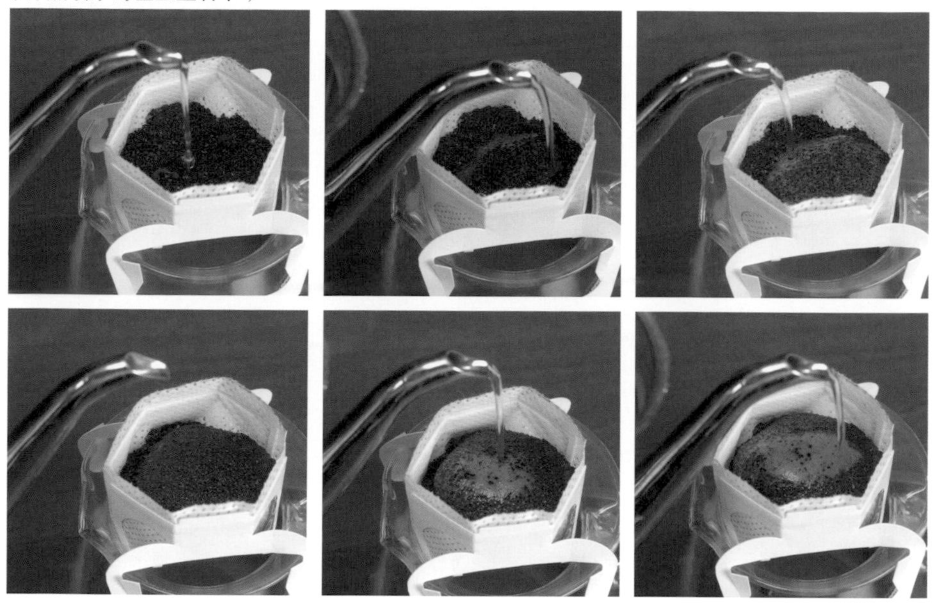

當我們在沖煮耳掛式咖啡時，如果手邊沒有手沖壺來進行給水的話，現在市售的隨身保溫瓶，就是一項非常好的替代器具。一般的保溫瓶瓶口都有止水的設計，因此能夠很容易的給出像手沖壺一般的垂直水柱。

當在給水的時候，要以顆粒粉層中心位置為起始點，用保溫瓶將熱水倒入中心位置。不過這時候不用像濾杯一樣往外繞開，一開始只要先倒入約 10cc 的水量就可以停止，這時吃到水的顆粒會因為排氣而排擠到周圍顆粒而產生膨脹的狀態，等到膨脹停止時，就是第二次給水的時間點。

第二次的給水方式和第一次相同，也是從中心位置開始慢慢給水，不過此時的水量可以稍微多一點，大約 20cc 左右。這時候要特別注意，如果有水溢出粉面，就要馬上停止給水的動作。

在第二次給水結束後，水位會快速下降，等水位降到底，就可以進行第三次給水，這次的給水可以持續給到濾紙邊邊看到水痕為止。

一旦看到水痕，就表示咖啡顆粒已經吸水飽和了，這時就要一口氣將水加到最滿，加速可溶性物質的釋放。這個階段的水位下降速度會偏快，等水位降到底部時，再將水位加到最滿，反覆進行這樣的步驟來萃取咖啡。10g 咖啡粉的建議萃取量是 180cc，如果希望風味濃郁一點，可以只萃取 150cc 的咖啡液就好。

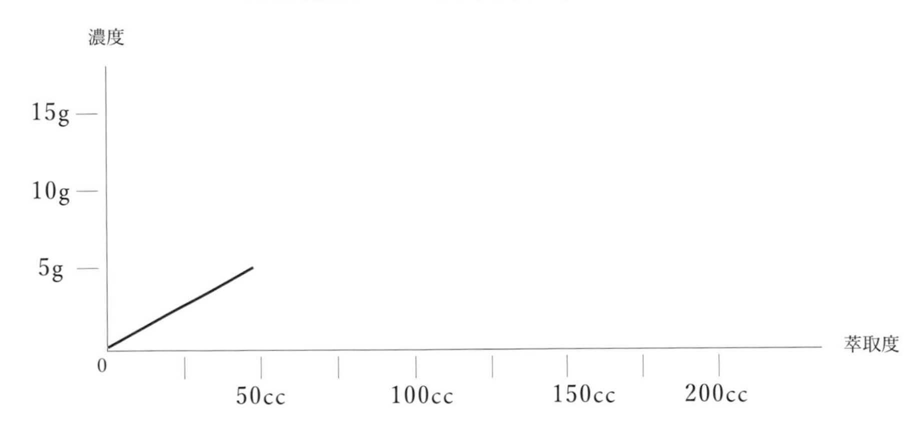

和咖啡美味程度具有最直接關係的，就是濃度與萃取率，濃度指的是入口的酸甜度，而萃取率則是指口感。

咖啡粉量的多寡會影響咖啡的濃度，原則上粉量越多濃度就會越高，但是在實際萃取過程中，釋放到水中的可溶性物質多寡，才是影響咖啡濃度的關鍵，所以如何讓咖啡顆粒飽和，然後讓可溶性物質釋放到水中，就是沖煮時的重點。我們用一個圖表來顯示兩者的關係。

縱軸所代表的是濃度也是粉量，而橫軸是萃取率（萃取量）。紅線的部分則是表示濃度會隨著萃取量上升，不過紅線並不會無限延伸，一旦咖啡顆粒的可溶性物質釋放完，濃度就會停止上升。

舉例來說 10g 的粉量，可以萃取濃度最多就是 10g，所以紅線的縱軸高度，原則上都不會超過 10g 的標示範圍，而其角度只會因為萃取量而產生變化。

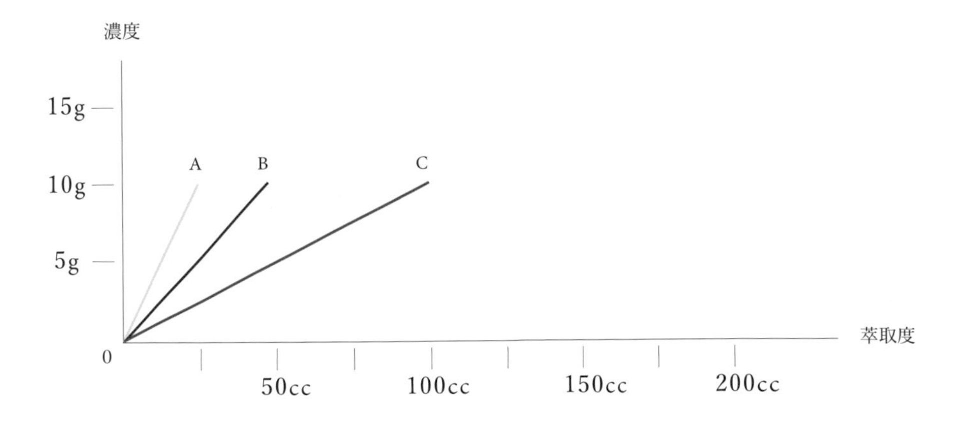

圖表中 3 種顏色的線，都是代表濃度已經到達 10g 的設定，而其中的差別只在於各是用多少分量的熱水才達成的。在前文中有提過咖啡顆粒會產生雜味或者澀味，大多是因為顆粒的木質部（纖維）在浸泡熱水時，讓這些不好的物質溶了出來。以這個例子來看，如果使用越多熱水才能達到同級濃度的話，就代表木質部釋放物質的比例就會越高，因此雜味和澀味溶出的比例也會越多。

因為雜味和澀味都是木質部浸泡在水中才會慢慢釋放，所以我們在同一張圖表中，增加了一個紅色的縱軸線，來表示苦澀味的產生。從圖表中可以發現苦澀味，並非一開始就產生的，而是等給水量到某個程度時，才會開始產生的，而其增加的幅度也不是呈直線成長。

從 D 線來看，苦澀味的增加是在萃取量達到 75cc 後，才會往上攀升，這主要是因為水量增加所產生的重量，會壓迫到顆粒吸水的狀態，水量越重，顆粒吸水變差，顆粒泡水的程度也會因而增加，使得木質部的吃水速度加快，導致 D 線條是以曲線而非直線成長。

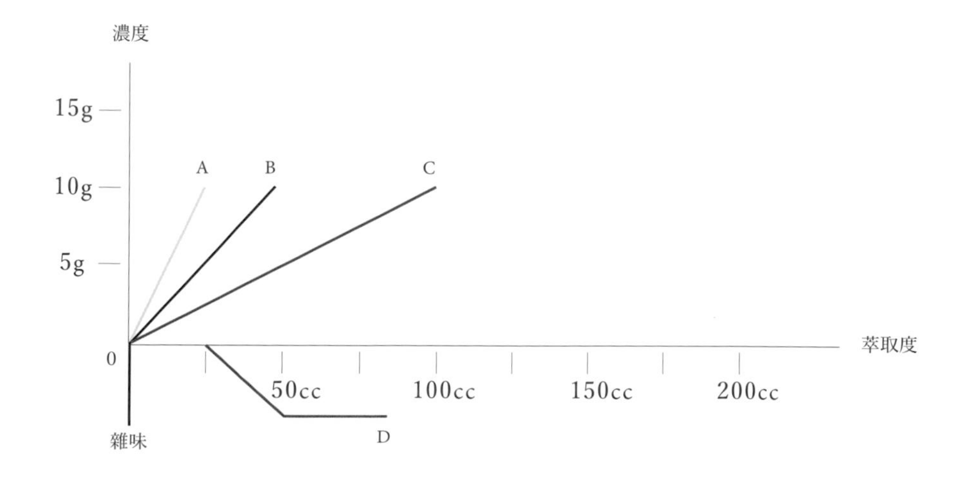

在接下來的圖表中，可以將苦澀味這個不好的味道，看成是影響咖啡濃度的因子，只要將苦澀味的變化區塊（B 的三角形咖啡色塊），反饋到濃度變化的區塊（D 的三角形咖啡色塊）上，就可以看出苦澀味對於濃度的影響。

而藍色線條的範圍就是將濃度扣除苦澀味後，所呈現出來的整體咖啡風味圖。

剛開始沖煮時咖啡顆粒所釋放出來的濃度，會因同時釋出的苦澀味而減弱一部分的風味，而隨著萃取量增加，可溶性物質也會越來越少，當萃取量達到 200cc 左右時，苦澀味就會再度被溶出來，所以千萬別為了想增加萃取量而繼續給水，導致萃取出來的都是苦澀味，而讓原本完美萃取的咖啡壞了風味。

D 曲線的苦澀味是否持續增加，和咖啡顆粒是否浸泡（靜止）在水裡，有絕對的關係。而顆粒是否在靜止在水裡，可以藉由水位下降速度來判斷，一旦水位下降速度緩慢，咖啡顆粒泡在水裡的話，苦澀味就會再度被釋放，進而減弱萃取的濃度，此狀況可參考下面的圖示。

一 萃取率（萃取量）　｜濃度（粉量）

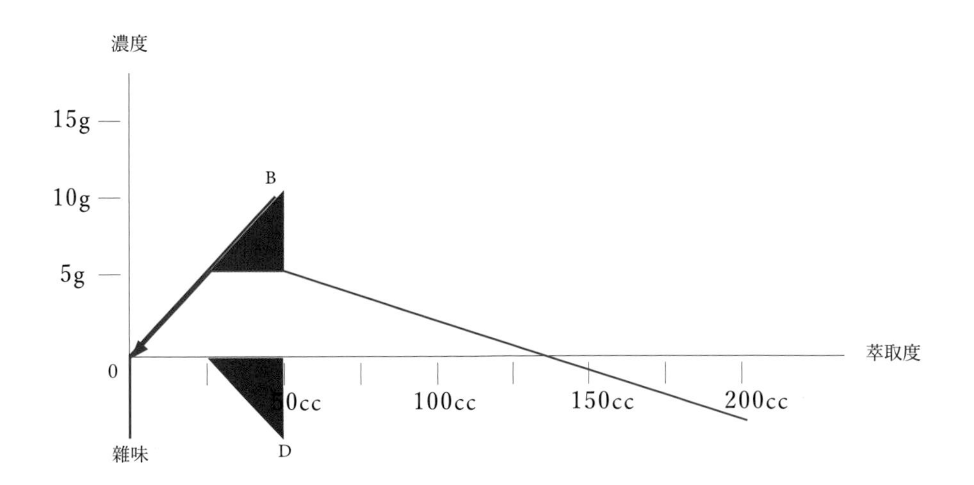

一 萃取率（萃取量）　　｜濃度（粉量）

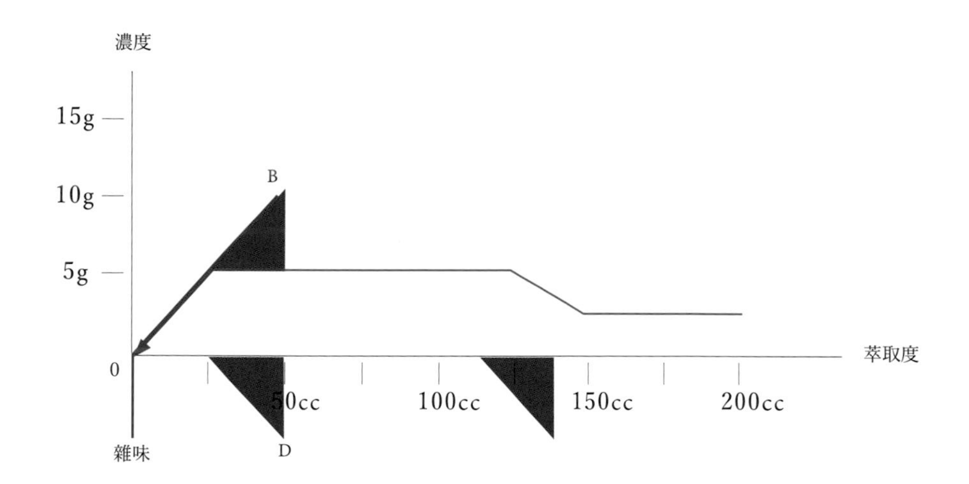

假設當萃取量達到100cc時，濾杯水位下降速度明顯變慢，並且有慢慢靜止的狀態產生時，就表示咖啡顆粒已經泡在水裡，讓木質部釋放出苦澀味，讓濃度受到減弱，所以當萃取量一樣達到200cc時，橘色線條的範圍就是整體咖啡風味圖。

這個圖示所呈現的風味，可以直接反映舌尖、舌中與舌根所感受的口感。

當這杯咖啡入口時，舌尖就能馬上察覺偏淡的濃度，而當咖啡接近舌根時，則因為濃度更低，而讓舌根只感受到苦味和澀味。

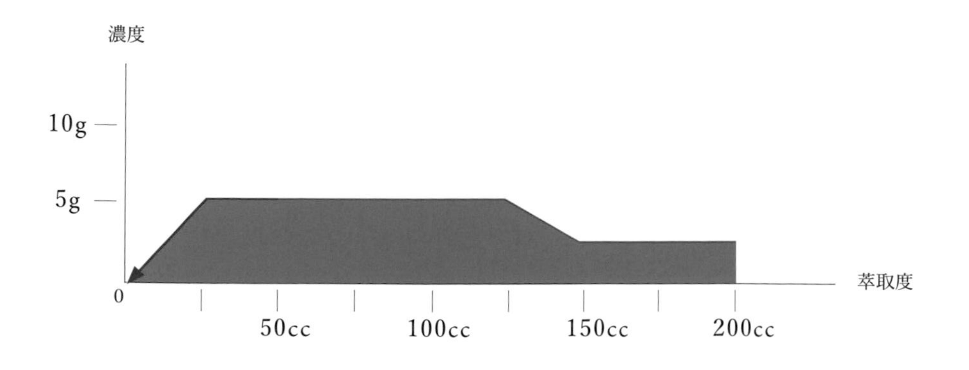

醜小鴨是一個整合咖啡資源的訓練中心，從一顆豆子，
到一杯咖啡，你都可以找到你需要的專業知識與訓練
雖然食物飲料會因各人喜好而產生主客觀因素，但要達
到好吃好喝是有一定的標準，這也是醜小鴨訓練中心的
強項，系統化的訓練
在國外專研Espresso & Latte Art 的這條路上也算是累
積了許多的經驗與收穫！在綜觀台灣現有的狀況下，義
式咖啡的訓練是可以更具有完整性及系統化，甚至可藉
由完整的訓練體制，讓對咖啡有熱誠的人在國際間的舞
台上發光發熱
就像是醜小鴨一樣，都有成為美麗天鵝的無窮潛力！我
們有信心，在醜小鴨的訓練之後，你會從愛喝到會喝，
從品嘗到鑑定，從玩家到專家，從業餘到職業

台北市中山區合江街73巷8號
02－25060239

憑此頁廣告每人可
抵用中心任何課程
壹千元，不可與其
他折價合併使用

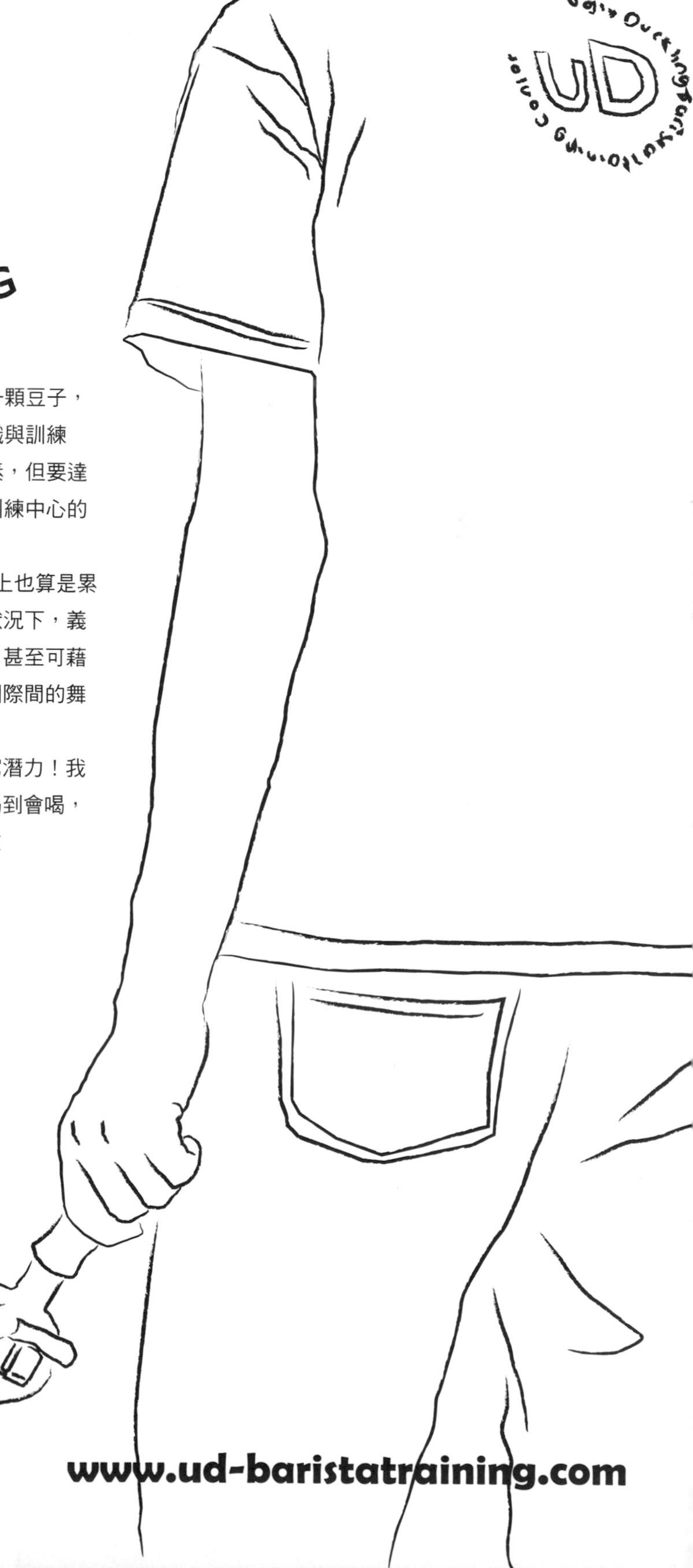

www.ud-baristatraining.com

手沖咖啡大全 2 ── 完美萃取

2016年1月1日初版第一刷發行

編　著　醜小鴨咖啡師訓練中心
副主編　陳其衍
特約美編　Emma
特約攝影　Jeremy
發行人　齋木祥行
發行所　台灣東販股份有限公司
＜地址＞台北市南京東路4段130號2F-1
＜電話＞(02)2577-8878
＜傳真＞(02)2577-8896
＜網址＞www.tohan.com.tw
郵撥帳號　1405049-4
新聞局登記字號　局版臺業字第4680號
法律顧問　蕭雄淋律師
總經銷　聯合發行股份有限公司
＜電話＞(02)2917-8022
香港總代理　萬里機構出版有限公司
＜電話＞2564-7511
＜傳真＞2565-5539
著作權所有，禁止翻印轉載。

本書如遇缺頁或裝訂錯誤，請寄回調換
（海外地區除外）。
Printed in Taiwan.

國家圖書館出版品預行編目資料

手沖咖啡大全. 2, 完美萃取 / 醜小鴨咖啡師訓練中心編著. -- 初版. -- 臺北市 : 臺灣東販, 2016.01
面；　公分
ISBN 978-986-331-920-7(平裝)

1. 咖啡

427.42　　104026654